CAMPUS

Géographie

Alain Miossec

Les littoraux entre nature et aménagement

2e édition

SEDES

CAMPUS Géographie

Collection dirigée par
Solange Montagné-Villette
Professeur à l'université de Poitiers

Dans la même collection :

L'industrie
M. Battiau

Les espaces ruraux
J.-P. Diry

Les espaces commerciaux
A. Metton

La France
L. Touchard

Les montagnes
J. Raffy

ISBN 2-7181-9519-3

TABLE DES MATIÈRES

INTRODUCTION

Les vastes horizons marins ont toujours fasciné les hommes ; certains se limitent à les admirer de la terre, d'autres partent au loin. De nos jours la mondialisation des échanges fait des mers et des océans les plus modernes des espaces géostratégiques : leur contrôle à partir des côtes devient alors une absolue nécessité pour les grandes puissances économiques désirant conquérir des marchés.

L'attrait des mers et des côtes connaît donc, à l'aube du troisième millénaire, une véritable embellie. Ce tropisme côtier s'exprime au travers de métropoles portuaires qui ont depuis longtemps dépassé le simple niveau « fonctionnel » qui les vit naître. Cet engouement s'exprime également à travers la fonction touristique, à toutes les échelles géographiques de l'analyse puisqu'elle intéresse autant celui qui part en week-end à quelques dizaines de kilomètres de son lieu de travail — parfois à quelques centaines lorsque le train à grande vitesse lui promet les vastes espaces côtiers à quelques heures de Paris — que celui qui part à des milliers de kilomètres, aux Maldives ou en Guadeloupe, par exemple. Mais cette attirance s'exprime également en termes de conflit : périodiquement, des pêcheurs français et espagnols s'affrontent dans le golfe de Gascogne ou ceux des ports bretons s'attaquent, à Rennes, aux symboles de l'État contraint par la législation européenne à préserver la ressource.

Mers et océans sont sources de richesse. Convoités, ils font l'objet d'une fréquentation croissante et, à ce titre, sont directement menacés si l'on n'y prend garde. Parmi les décisions prises lors du Sommet de la Terre de Rio de Janeiro en 1992, la préservation des mers et des zones côtières figurait en bonne place et l'assemblée appelait de ses vœux la mise en place de politiques intégrées de gestion des zones côtières. C'est une façon de reconnaître que mers et côtes, qui sont l'objet de la convoitise d'acteurs économiques et sociaux aux intérêts divergents, doivent, dans l'avenir, attirer l'attention des gouvernements, mais que le mieux, à travers la publicité faite à la déclaration, est encore de sensibiliser tous ceux qui fréquentent ces milieux fragiles et attirants.

La structure du livre

Cet ouvrage, volontairement plus didactique que savant et plus introductif à une discipline qu'exhaustif, a été conçu en trois parties.

La partie « Analyse et synthèse » présente en neuf chapitres une vue globale et actualisée des littoraux. Elle décrit la nature à travers les formes littorales et la dynamique qui s'y exerce, les types de mise en valeur des littoraux, les conflits d'usage et les méthodes utilisées pour les gérer. Il est apparu nécessaire de traiter aussi les océans, cependant ceux-ci ne sont pas étudiés pour eux-mêmes (topographie du vase océanique, composition de l'eau, courantologie...) mais comme support des activités humaines.

La partie « Documents et méthodes » a pour objectif d'offrir à l'étudiant une méthode de travail. Le document en constitue la base, et le choix a porté sur un éventail assez large : carte topographique, photographie aérienne, croquis et schémas, mais aussi documents plus inédits pour un géographe : texte littéraire, article de presse, texte de loi. C'est la richesse des thématiques littorales qui y invite. En l'occurrence, le choix a plus porté sur l'originalité du document que sur la typologie.

Dans la partie « Repères et outils », l'étudiant trouvera des fiches informatives utiles à sa formation. Ce sont des schémas ou des organigrammes extraits de la littérature géographique, qu'il apprendra à lire avant de les composer lui-même. Il s'agit également de fiches chronologiques, de tableaux comparatifs et de fiches de lecture d'ouvrages ou de revues qui forment la base de la culture géographique. Le glossaire apportera à l'étudiant la définition des principales notions, la bibliographie lui permettra d'en savoir plus et l'index lui donnera la possibilité de naviguer dans l'ouvrage.

ANALYSE
ET
SYNTHÈSE

1

LES FORMES LITTORALES

Comment illustrer l'originalité physique des littoraux ? Par les paysages sans doute, variés mais qui portent tous la marque de la proximité de la mer. Par les formes surtout, qui constituent le support de nombreuses activités. Ces formes sont diverses, tantôt d'ablation, tantôt d'accumulation, et vivantes parce que leur évolution est constante. Comment les distinguer ? Par la nature de la roche, par la disposition des sédiments, par les modalités de l'action de la mer ?

Les paysages côtiers (page 10)

L'analyse des paysages fait ressortir quelques traits caractéristiques des littoraux. L'influence de la mer se fait partout sentir : sur les formes façonnées, sur une végétation adaptée, sur des espaces marqués par le rythme de la marée.

Les formes d'ablation (page 11)

Ces formes portent la marque d'une double influence : celle de la mer, qui taille les falaises et décape les versants en pente douce sur lesquels elle s'avance lors d'une transgression ; celle de la roche, qui impose à la côte sa grande variété (granite, calcaire, grès…). La côte doit beaucoup de ses traits à la structure géologique. Ces côtes sont dites d'ablation car elles reculent de façon continue sous l'action des vagues, qui enlèvent du matériel au versant continental.

Les formes d'accumulation (page 15)

Cordons de galets, plages, dunes, marais et vasières constituent des formes d'accumulation. Elles sont faites de matériaux dont l'originalité est qu'ils sont libres les uns par rapport aux autres : le vent comme la mer peuvent les transporter en les façonnant. La manière dont ces matériaux sont déposés explique la grande variété des types de forme.

Les paysages côtiers

De la côte à l'océan

On distingue successivement :

– *l'arrière-côte.* C'est la partie toujours émergée qui borde le littoral. Elle est l'objet d'usages divers et souvent concurrentiels de la part des hommes, mais elle est toujours influencée par la proximité de la mer ;

– *le trait de côte.* Il peut être défini comme le lieu où déferlent les vagues ; on conçoit que le lieu du déferlement dépendant de l'énergie dissipée à la côte, se situe tantôt bas, tantôt très haut. Le trait de côte marque le contact océan-continent ;

– *l'estran.* C'est la partie alternativement couverte et découverte par la mer lors d'un cycle de marée ;

– *l'avant-côte.* Elle est submergée en permanence. C'est là qu'agissent houles et courants divers. L'avant-côte, comme l'estran, a des caractéristiques morpho-sédimentologiques différentes selon la nature géologique du substrat. L'avant-côte est aussi influencée par la proximité de la terre : une large partie des sédiments qui s'y déposent viennent de la côte.

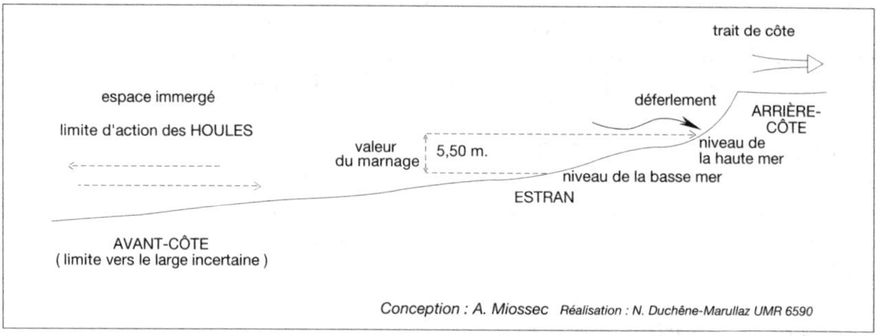

Fig. 1 – **Une coupe de l'avant-côte à l'arrière-côte**

Les formes

Les formes littorales sont essentielles : façonnées totalement ou en partie par la mer, elles sont l'expression d'une morphogenèse originale. Les côtes rocheuses sont des formes d'érosion, les côtes d'accumulation sont des formes construites (cordons littoraux et vasières, marais maritimes…). Elles invitent à la nuance dans la description : grèves de galets, plages de sable sont pour l'essentiel constituées de sédiments relativement « grossiers » alors que les estuaires, deltas et marais sont plutôt formés de sédiments fins. Quant aux édifices coralliens, il s'agit aussi de formes d'accumulation dont l'origine est essentiellement biologique.

La végétation

L'habillage n'est souvent que de détail. Pourtant, il est le reflet de l'influence de la mer, comme par exemple les pelouses des hauts de falaise où l'arbre ne pousse que par miracle tant est grande la force du vent. Les forêts dunaires éloignées du trait de côte mais précédées de cette dune grise où poussent des plantes rases avant que la dune blanche, face au vent et à la mer, montre la difficulté d'implantation de la vie végétale. Cette zonation exprime un milieu difficile et ingrat.

La mobilité

C'est la mobilité qui caractérise le mieux le littoral. En ces lieux, tout bouge, à des échelles de temps qui diffèrent :

– en quelques heures, le plan d'eau s'élève et s'abaisse par le jeu de la marée, et si la mer est houleuse, les effets du déferlement des vagues sont immédiatement sensibles ;

– en quelques millénaires, le plan d'eau s'élève ou s'abaisse, mais ce mouvement presque imperceptible n'est jamais absent et, depuis un siècle, le niveau des mers s'est élevé de quelques centimètres. Lors de la dernière grande glaciation, il y a quelques milliers d'années, ce même niveau était inférieur à l'actuel de près de 120 mètres. Le niveau des mers varie ainsi en fonction de paramètres divers, les changements de climat étant les plus apparents : transgressions marines et régressions scandent donc l'histoire des littoraux. C'est dire si, outre sa mobilité fondamentale, c'est la jeunesse de la ligne de rivage qui doit être soulignée.

Les formes d'ablation

Une distinction subtile

Les côtes d'ablation (ou d'érosion) présentent une grande variété de paysages. En effet, ces côtes doivent l'essentiel de leur originalité à la roche qui les constitue : elles doivent donc beaucoup à la structure géologique. Pour caractériser les côtes rocheuses et les côtes à falaise, il faut donc tenir compte successivement de la lithologie (nature de la roche), de la stratigraphie (disposition des roches les unes par rapport aux autres) et de la tectonique, c'est-à-dire des déformations présentes ou passées qui affectent la roche. La distinction entre les côtes rocheuses et les côtes à falaise est subtile : toutes les côtes à falaise sont des côtes rocheuses mais l'inverse n'est pas vrai.

Les côtes à falaise

Un tel type de côte doit donc toujours être considéré dans deux dimensions de l'espace : une coupe donne le profil de l'escarpement, quand le plan nous renseigne sur le tracé de la côte.

Un versant

La falaise est d'abord un versant, une partie de la morphologie du continent. Ce versant est plus ou moins abrupt et plus ou moins élevé. Ce qui le définit comme falaise est simplement l'action de la mer à son pied. Elle ne saurait donc être une forme figée : c'est au contraire une forme vivante, qui évolue selon deux logiques différentes mais complémentaires. D'une part, la mer sape le versant à son pied et maintient l'existence de l'abrupt ; d'autre

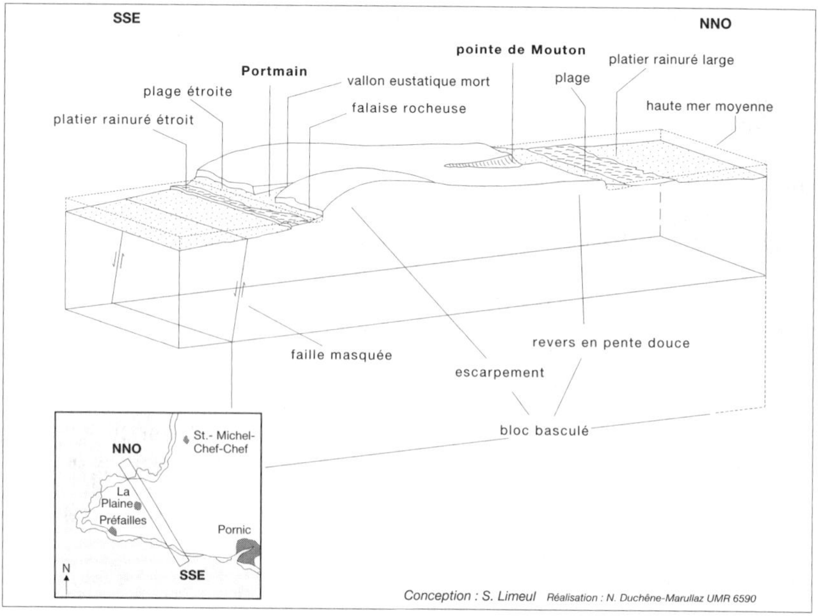

Fig. 2 – **Les éléments du paysage d'une côte à falaise : coupe schématique d'un bloc basculé entre Portmain et la pointe de Mouton (Loire-Atlantique)**

part, celui-ci évolue aussi de façon en partie indépendante sous l'action de l'eau continentale, qui s'infiltre et circule au sein de la roche. La mer agit de façon plus ou moins permanente mais toujours par à-coups : le choc des vagues ébranle la paroi, arrache des morceaux de roche. Ces blocs constituent un rempart temporaire au pied de la falaise ; la mer va plus ou moins rapidement les fragmenter, les user, les émousser en galets aux formes variées, les réduire en sables quand la roche s'y prête. Toutes les combinaisons sont possibles.

La plate-forme

Si la falaise recule de façon plus ou moins régulière, on peut considérer qu'elle recule « parallèlement à elle-même ». De ce recul procède la plate-forme d'abrasion marine (ou platier) : elle est formée par le plan constamment dégagé par la mer au pied de la paroi. Les plates-formes d'abrasion marine sont plus ou moins étendues en avant de la falaise, parfois elles n'apparaissent guère. Toujours, elles ont les caractères en plan et en coupe qu'autorise la roche qui forme la falaise : ainsi la plate-forme présente-t-elle des discontinuités liées à des diaclases de la roche. Ces diaclases, exploitées par la mer car elles sont des lignes de faiblesse, forment alors de petits fossés orientés, généralement remplis de sédiments hétérométriques, blocs, galets et sables. En fait, le mouvement de ces sédiments est permanent ; tantôt la plate-forme est lisse, tantôt partiellement recouverte de ces dépôts. C'est ainsi que fonctionne le système d'érosion qui affecte plate-forme et falaise : la mer attaque la paroi qui libère le matériel, celui-ci va et vient sous l'action des vagues et en fonction du marnage lorsqu'il y a marée. Ce sont ces sédiments qui arment l'eau de mer et jouent alors le rôle d'un véritable abrasif aux dépens du plan dégagé. D'où le nom qu'on donne à ce plan : plate-forme d'abrasion marine.

Type de falaise en Loire-Atlantique (La Bernerie)

© A. Miossec

Trois éléments caractéristiques : encoche de pied de falaise à la base de l'abrupt, plate-forme d'abrasion marine, plage étroite en haut d'estran.

La dénivellation

Certaines falaises sont modestes : quelques mètres, mais les plus spectaculaires présentent des parois verticales grandioses. Quel que soit le commandement de l'abrupt, la falaise fascine : ocre des falaises de Bonifacio ou blancheur des craies picardes et normandes frappent autant le regard que l'importance de la dénivellation. Les plus grandes falaises peuvent avoir entre 500 et 1 000 mètres de commandement, on les trouve en Irlande (666 mètres dans l'île d'Achill) et au Chili, où de très grands escarpements atteignent le kilomètre. Ces « mégafalaises » doivent leur évolution à l'action permanente de la mer à leur pied, mais il est clair qu'elles ont aussi d'autres origines et qu'elles doivent beaucoup aux déformations de l'écorce terrestre.

Les côtes rocheuses

Ces formes littorales sont liées à la roche, mais elles ne portent pas de façon nette la marque de l'action des vagues. La plupart du temps, il n'y a pas cette encoche qui en est l'expression. La côte rocheuse constitue donc la partie d'un versant continental sur lequel vient transgresser la mer, sans rencontrer de résistance et quelle que soit la nature de la roche. Deux exemples illustrent cette situation.

Exemple 1 : bloc basculé entre Portmain et la pointe de Mouton

Le premier cas est celui de la figure 2 : le long versant incliné en pente douce vers le nord nord-ouest n'est que le revers d'un bloc basculé par la tectonique. Sur ce versant, la mer n'a fait que dégager la roche des dépôts qui pouvaient la recouvrir, elle a nettoyé cette roche et l'on désigne aussi ce type de côte du nom de côte de dénudation. En revanche, le platier a bien été façonné par la mer ayant atteint son niveau actuel.

Exemple 2 : le littoral entre Perros-Guirec et Trébeurden

Le littoral du nord de la Bretagne, entre Perros-Guirec et Trébeurden, offre un second exemple. La carte montre, en avant du trait de côte qui s'incline doucement vers la mer, un vaste estran constitué de matériel sableux d'où

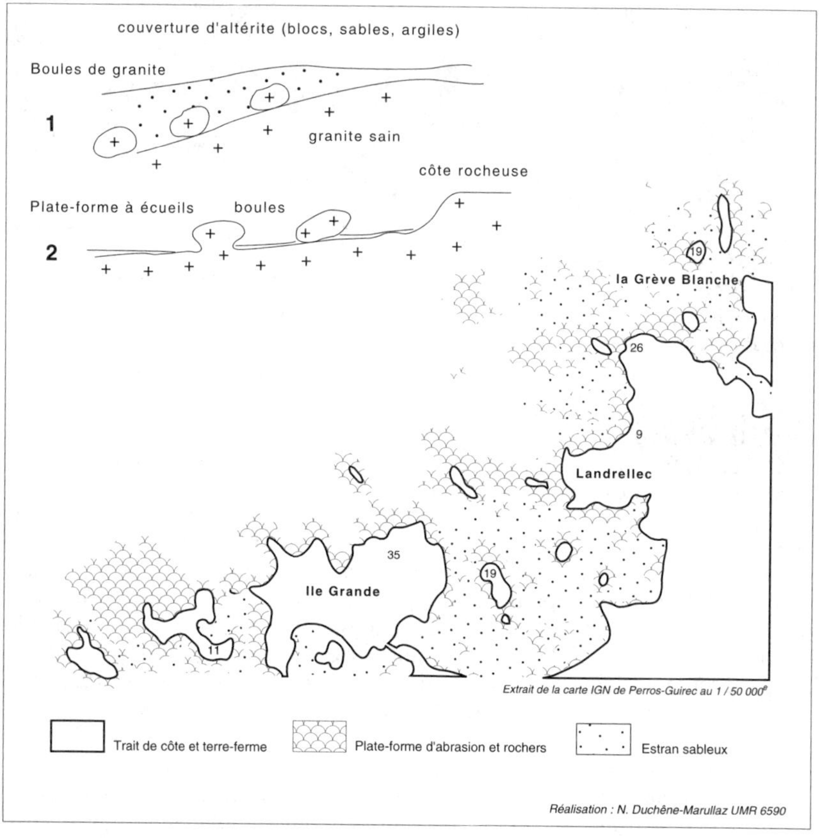

Fig. 3 – **Une plate-forme à écueils sur la côte du Finistère Nord**

sortent des îlots rocheux, sans qu'un ordre très apparent puisse expliquer leur présence. En réalité, cette poussière d'îles n'est que le produit du décapage d'un versant constitué d'altérites par la mer en transgression. C'est la nature de la roche qui explique le paysage côtier : il s'agit de granites à grain fin qui ont été profondément altérés depuis l'ère primaire sous des climats chauds et humides. L'altérite superficielle très ameublie fut rapidement décapée et les sables de cette altérite tapissent une large partie de l'estran. En profondeur, des noyaux de granit, des boules parfois, ayant mieux résisté à l'hydrolyse, ont constitué le squelette que la mer met au jour. Il en résulte cette plate-forme à écueils en avant d'une côte qui ne comprend guère d'abrupt.

Les formes d'accumulation

Quelques définitions

Grèves de galets, plages sableuses mais également marais et vasières sont les plus communes des formes d'accumulation. Au sens étymologique, ces formes sont construites par le dépôt, plus ou moins permanent, de matériaux qui ont comme caractéristique première d'être mobiles. On peut distinguer, parmi les formes d'accumulation, celles des littoraux meubles de celles des littoraux vaseux.

En effet, les plages sont formées de grains de sable en permanence libres les uns par rapport aux autres : ce qui veut dire que si la forme est d'accumulation, elle connaît périodiquement, chroniquement même, des périodes d'érosion qui peuvent être spectaculaires. En revanche, les vasières sont formées de particules qui deviennent rapidement solidaires les unes des autres et qui dès lors perdent une grande partie de leur mobilité.

Les littoraux meubles

Ces littoraux, délaissés dans le passé, sont aujourd'hui les plus attractifs. Le développement touristique, à travers la vogue des bains de mer, a fortement popularisé les plages, plus que les grèves, moins répandues. L'image des longues plages landaises ne doit toutefois pas masquer le fait que, du Havre à Saint-Valery-sur-Somme, on ne trouve que des grèves de galets sur plusieurs dizaines de kilomètres.

La variété des paysages des littoraux meubles est beaucoup plus grande que celle des côtes rocheuses, pour des raisons qui tiennent à la fois au profil des accumulations et au plan de ces mêmes accumulations. On s'arrêtera principalement sur le cas des plages et des dunes que l'on envisagera dans deux dimensions essentielles : leur profil et leur plan.

Le profil des accumulations

Aux dimensions spatiales déjà évoquées pour les côtes à falaise, il faut désormais ajouter l'arrière-côte. En effet, les accumulations meubles, qu'elles soient des plages ou des grèves, présentent plusieurs sections, toutes solidaires les unes des autres. En sorte que la caractéristique principale de celles-ci est leur mobilité. Dans l'exemple illustré, trois sections composent le versant littoral.

– *La plage* est la partie médiane : elle est constituée de deux parties que l'on peut observer à marée basse. La partie basse de l'estran est la partie dont la pente est la plus faible, c'est souvent aussi la partie la plus étendue en surface. La plupart du temps, elle reste humide, en particulier là où les sables sont les plus fins, donc les moins poreux. La partie haute est en plus forte pente, elle est constituée de sables plus grossiers auxquels peuvent se mêler graviers et petits galets. Le contact entre les deux parties forme ce que l'on appelle la ligne de flexion, et il est d'autant plus marqué qu'est grande la différence dans la granulométrie des sables, en amont et en aval de la ligne. L'examen des formes à marée basse, de part et d'autre de la rupture de pente, est riche d'enseignements : de petits cônes se mettent en place lentement, par accumulation des éléments sableux ou limoneux les plus fins ; il s'agit en fait de véritables petits deltas sous-marins. En amont, au contraire, un petit abrupt naît du soutirage des éléments fins ; cet abrupt recule lentement. Ces formes expriment en fait l'écoulement qui affecte la plage à marée basse, écoulement d'eau salée qui a imbibé la plage à marée haute, auquel se mêlent des eaux continentales issues des nappes phréatiques.

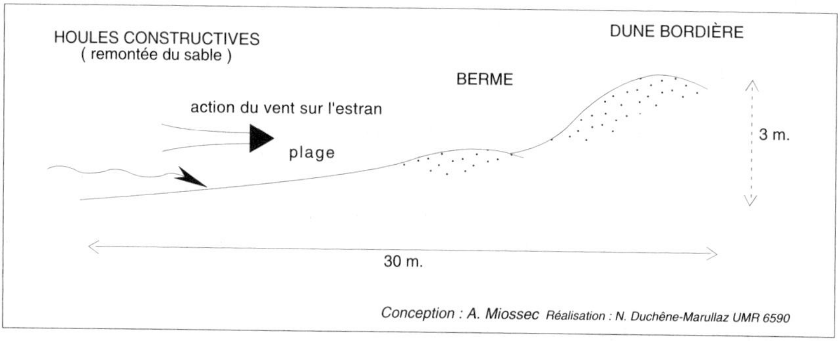

Fig. 4 – **De l'avant-plage à la dune**

– *L'avant-plage* est un élément essentiel du versant littoral meuble, totalement inséparable de la plage puisqu'elle fonctionne en relation avec elle. Le matériel qui la constitue est toujours susceptible de réalimenter la plage : elle est donc une aire de stockage des sables. En hiver, en fonction de l'agressivité des vagues, une partie du sable peut migrer vers l'avant-plage et recouvrir en partie les roches qui s'y trouvent. En été, pendant les périodes de beau temps, l'avant-plage, balayée par des houles « constructives », fait remonter les sables vers le haut du versant. On doit donc, lorsque l'on s'intéresse à la dynamique des plages, considérer la disposition des fonds sous-marins devant la plage et lire, dans la disposition des isobathes, l'aptitude de la topographie sous-marine à maintenir l'équilibre des sédiments qui nourrissent la plage : une dépression trop encaissée piège les sables, une rampe en pente régulière favorise leur transit. Il n'est pas de bon budget sédimentaire des plages sans cette élémentaire précaution.

– *La dune* vient directement au contact de la plage. Sur le terrain, deux cas peuvent se présenter qu'illustrent les deux figures suivantes.

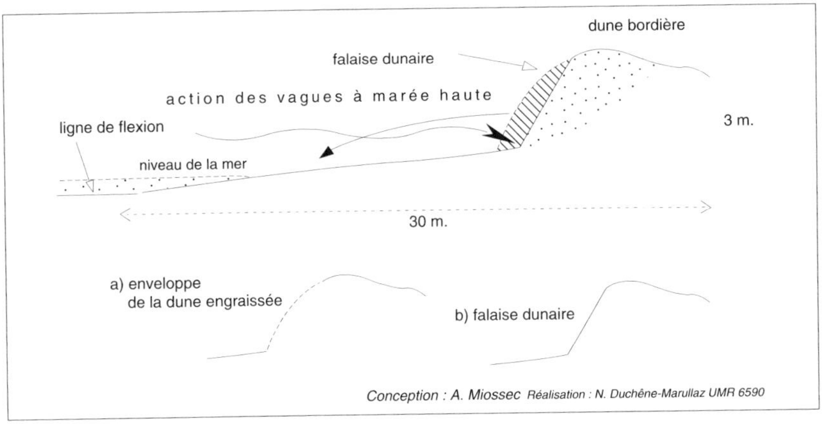

Fig. 5 – **Deux contacts entre la dune et la plage**

Sur la première figure (5a), le contact est peu marqué : une banquette s'interpose entre la plage et la dune proprement dite. Il s'agit d'une accumulation de sable soufflée par le vent et que l'on appelle une berme dunaire. C'est un embryon de dune, colonisée par une végétation spécifique, composée de plantes halonitrophiles, c'est-à-dire capables de supporter un temps plus ou moins long d'immersion lors des grandes marées. Ces plantes, colonisatrices des sables du haut de plage, sont aussi fixatrices de ces sables qu'apporte le vent lorsqu'il souffle de la mer : une dune est donc une construction complexe où le sédiment qui va constituer l'accumulation a besoin des appuis que lui offrent les plantes. On voit déjà quel usage peut être fait de ces observations dès lors que l'on cherche à protéger les dunes.

Au sens propre, l'accumulation première qui naît de la plage va donner naissance à une dune bordière. Une telle situation n'est pas constante : il existe le long des littoraux dunaires des cas où la dune bordière est naturelle et bien d'autres où elle est artificielle, reconstituée patiemment par les hommes depuis le XIXe siècle. Il existe aussi des cas où la dune bordière ne s'est jamais constituée : la morphologie des dunes est donc particulièrement riche, et les dunes de la côte landaise offrent un excellent exemple de cette diversité.

Sur la seconde figure (5b), le contact est franc, marqué par un abrupt. Il s'agit de nouveau d'une forme d'érosion et l'abrupt est une falaise dunaire. Il signifie simplement que la mer attaque l'accumulation dunaire. À plus petite échelle, la cartographie d'un segment de côte renseigne ainsi sur la mobilité propre au trait de côte : des secteurs attaqués alternent avec des secteurs en voie d'engraissement. C'est donc que le sable n'est pas seulement mobilisé dans le profil des accumulations mais qu'il peut aussi se déplacer latéralement, aussi bien sous l'action du vent que sous celle des vagues. Cela nous amène à prendre en compte le plan des accumulations.

Le plan des accumulations

Les sables qui forment la plage sont des sédiments caractérisés par leur mobilité : chaque grain y est libre par rapport à l'autre et aisément mobilisé

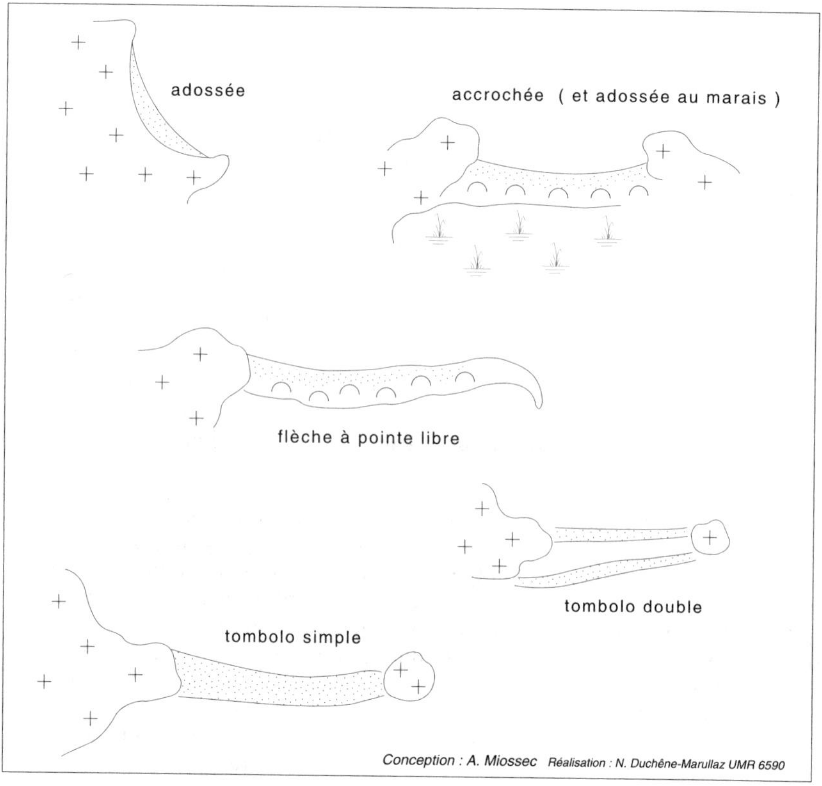

Fig. 6 – **Quelques plans d'accumulation**

par l'eau, qu'elle déferle du large ou qu'elle suinte le long de la plage à marée basse. Cette mobilité confère aux plages leur aspect saisonnièrement contrasté : elles démaigrissent en hiver, sous le coup des déferlements violents qu'induisent les tempêtes, elles engraissent pendant la belle saison, à nos latitudes, selon les régimes de la houle. En fait, ces mouvements sont rarement perceptibles à l'œil nu, et il faut poser des repères sur les plages ou lever des profils pour en avoir une idée claire. Il ressort de ce constat que les plages sont plus ou moins stables, selon qu'elles perdent ou gagnent des sédiments équitablement au cours d'un « cycle annuel ». Aujourd'hui, on s'accorde à observer que bien des plages dans le monde perdent des sédiments et que l'on est entré dans une période de « pénurie sédimentaire », en partie liée à tous les aménagements de bassins-versants (barrages, épis divers…) qui freinent ou bloquent le transit des sables.

On distingue des plages adossées, des plages accrochées à deux extrémités, des plages seulement accrochées à l'une des extrémités et libres vers le large.

– *Les plages adossées.* C'est un cas très fréquent, et la nature de l'ados est l'élément clé du paysage. La plage peut s'adosser à une falaise : celle-ci stabilise l'ensemble de l'accumulation vers l'intérieur, mais la mobilité des sables est alors considérable en direction de l'avant-plage, en fonction de l'état de la mer. Un cas extrême est fourni par les « plages de poche », qui sont des plages de fond d'anse, protégées par des caps ou des promontoires allongés. Il n'est pas rare que des variations d'épaisseur atteignent plusieurs dizaines de centimètres en quelques heures lors de tempêtes, mais ces sables reviennent presque toujours, prisonniers qu'ils sont d'une cellule qui ne permet pas la fuite au-delà des caps. La plage peut aussi s'adosser à une dune, et le cas est d'autant plus fréquent que l'abondance des sables nourrit la dune. La plage et la dune peuvent aussi s'adosser à un marais qui oppose à la progression de l'ensemble vers l'intérieur une résistance plus ou moins grande. Pendant les tempêtes, et d'autant plus qu'elles correspondent à des périodes de vives-eaux, des brèches se forment lorsque déferlent les vagues en quelques lieux. Le cordon se rompt et l'eau de mer pénètre dans le marais, entraînant avec elle le sable qu'elle étale en cônes aplatis, véritables deltas qui, vus d'avion, sont la marque d'une dynamique active et répétée. Pour autant, une telle situation ne signifie nullement un déséquilibre permanent : la brèche se colmate plus ou moins vite et la dune se reconstitue.

On voit bien qu'un des thèmes majeurs est celui du stock des sables, du budget sédimentaire qui, en équilibre, maintient des formes « mobiles », mais qui, en déséquilibre, les voit démaigrir de façon plus ou moins définitive.

– *Les plages accrochées à deux extrémités.* Le meilleur exemple est fourni par des plages accrochées à des falaises basses formant cap ou à des plates-formes d'abrasion marine. Le point d'ancrage est là seulement pour amortir le déferlement des vagues et favoriser ainsi le dépôt des sables. En plan, la plage dessine un arc en équilibre avec le plan moyen de la houle. Une telle situation n'empêche nullement que l'arc soit à son tour adossé à une dune ou à un marais.

– *Les plages accrochées à une seule extrémité.* C'est la situation qui donne naissance à une flèche dite « à pointe libre », l'accumulation fuyant en sens opposé du point d'ancrage. Ce qui signifie, avant même toute autre analyse, qu'il y a abondance de sédiments en transit, forcément le long de la plage puisque la flèche s'allonge. Une telle flèche est toujours une forme spectaculaire par la mobilité qui s'y exprime : la comparaison de photographies aériennes montre ainsi l'évolution de certains secteurs, comme la pointe d'Arçay dans le sud de la Vendée, ou encore la pointe de la Coubre en Charente-Maritime.

En résumé, les formes sont simples, mais on peut jouer de combinaisons de situation telles qu'apparaissent des queues de comètes (en position d'abri derrière un îlot), des tombolos simples (Quiberon), doubles (Hyères-Porquerolles) ou même triples (Orbetello, en Italie) lorsqu'une île est reliée par des cordons littoraux au continent. Ces formes supposent une abondance de sédiments en transit et des forces (la houle, les vagues, la dérive littorale) pour les façonner.

Les littoraux vaseux

Les marais maritimes occupent aujourd'hui une place à part dans les paysages littoraux. Longtemps zones délaissées et méprisées, ils furent dans le passé l'objet de conquêtes vigoureuses qui les transformèrent en autant de riches terres de culture. Ce temps s'achève et les marais maritimes sont de plus en plus considérés pour ce qu'ils sont, des milieux fragiles, riches, essentiels aux chaînes alimentaires auxquelles ils donnent naissance (frayères pour les poissons). La présence des oiseaux en fait le charme et leur protection est affichée à l'échelle internationale comme une priorité absolue. Ces zones de marais présentent cependant quelques différences, selon qu'on les trouve dans la zone tempérée ou sous les tropiques.

Les marais sont des zones basses en très faible pente vers le large et à la topographie monotone pour qui refuse de les découvrir. On les trouve au fond des baies abritées (baie de Bourgneuf, baie de l'Aiguillon, fond du bassin d'Arcachon, baies frisonnes, mer des Wadden...) et dans les estuaires. Leur présence nécessite à la fois des sédiments et une situation d'abri pour que ces matériaux se déposent.

Les marais maritimes dans les zones tempérées

Un marais maritime tempéré est composé de deux parties, tantôt distinctes car une petite falaise les sépare, tantôt passant de l'une à l'autre sans réelle transition. La partie basse est une vasière, que l'on a pris l'habitude de désigner sous le nom de *slikke* (nom d'origine flamande), la partie haute, remarquable par les formations végétales qui la colonisent, forme l'herbu que l'on appelle plus fréquemment le *schorre.*

La vasière est la partie qui se trouve le plus fréquemment inondée à marée haute ; c'est une forme du domaine intertidal. Elle se présente fréquemment comme une vaste surface nue, à peine marquée de taches de végétation (des zostères), en pente très faible (de 1 à 3 %) ; cette surface luisante au soleil parce que gorgée d'eau est entaillée de petits chenaux plus ou moins profonds, sillonnés tantôt par le flot tantôt par le jusant. Selon les lieux, ce réseau est hiérarchisé mais les divagations ne sont pas rares. Ces chenaux sont plus nombreux dans la partie basse de la vasière, pour des raisons hydrodynamiques liées aux courants de marée. Vers le haut de la vasière — que l'on appelle parfois la haute slikke — les chenaux disparaissent tandis que poussent les premières plantes. Les ronds formés par les spartines sont les plus remarquables. Cette partie haute de la vasière correspond à la laisse des pleines mers les plus fréquentes, celle où les conditions de la sédimentation sont les plus favorables.

L'herbu est marqué par la présence d'un tapis végétal dense et fermé. Ces plantes doivent être tolérantes au sel — on les dit « halophiles », mais elles peuvent aussi pousser sur des surfaces non salées —, qui les protège surtout de la concurrence d'autres plantes, plus pugnaces en milieu non salé. En règle générale, l'étagement caractérise l'herbu. À proximité de la partie haute de la vasière se développent les pionnières, les spartines déjà observées *(Spartina townsendii, Spartina stricta),* les salicornes *(Salicornia herbacea),* une espèce bonne fixatrice comme *Puccinellia maritima* et encore *Suaeda maritima* (la soude maritime), d'autres encore, tels *Aster tripolium* ou le reconnaissable *Halimione portulacoïdes.* À mesure que décroît la salinité, dans les parties intérieures et hautes, moins souvent submergées, d'autres espèces relaient les premières, comme *Plantago maritima* et *Armeria maritima,* ou encore *Agropyrum pungens.* L'herbu est parcouru par deux grandes catégories de chenaux : les uns évacuent l'eau douce, les autres sont parcourus par la marée,

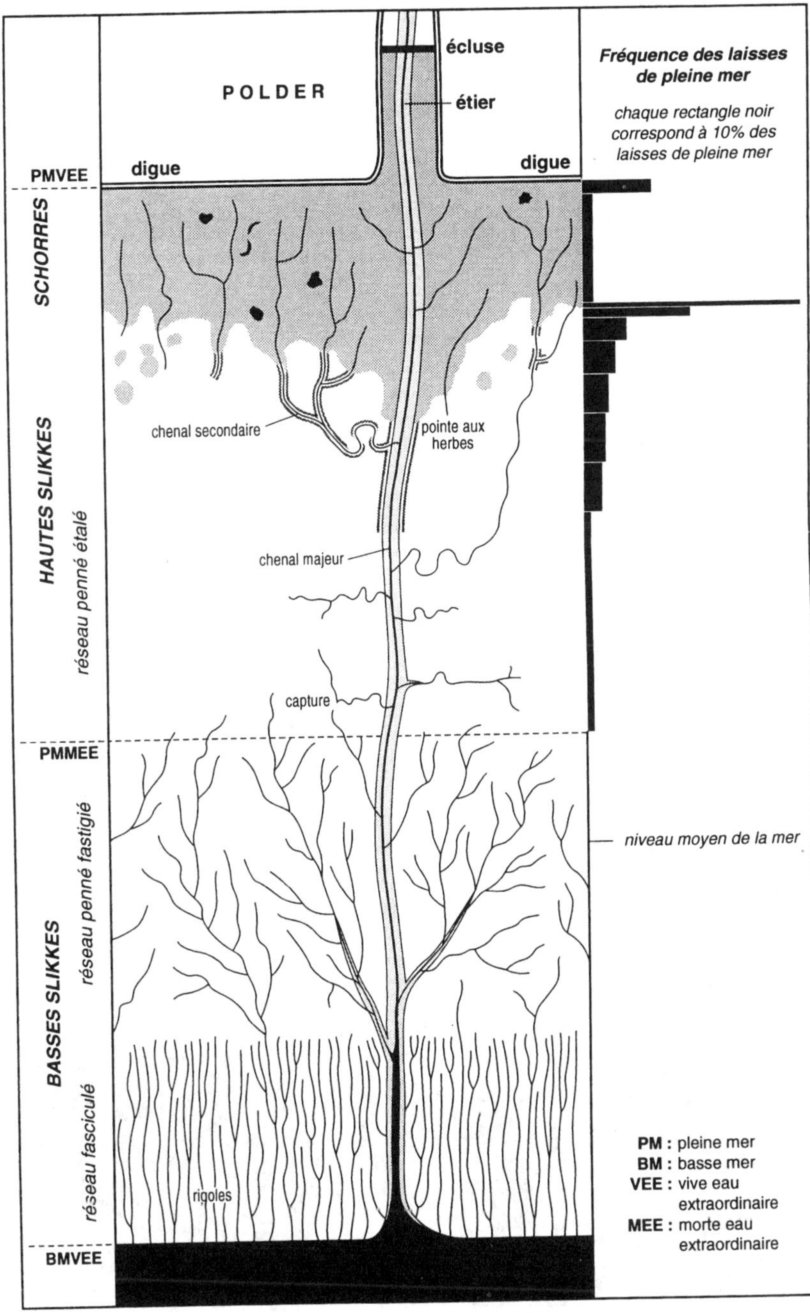

Source : F. Verger, « Schorres et slikkes : milieux et aménagement », *Norois*, t. 42, n° 165, pp. 235-245

Fig. 7 – **Les marais maritimes**

sans qu'il y ait forcément distinction stricte. Ces chenaux dessinent souvent des méandres et, d'une manière générale, ils sont plus vigoureusement encaissés que ceux que l'on voit sur la vasière. Ils ont des berges abruptes et sont sensibles à la dessiccation qui provoque le décollement de paquets de vase qui viennent alimenter les courants de marée.

Mangroves et tannes des tropiques

C'est la végétation qui distingue les vasières tropicales et non la nature des sédiments qui les constituent. Elles sont colonisées par une végétation forestière et arborescente, la mangrove, qui exige de la chaleur, des pluies — mais ce n'est pas une nécessité absolue — et surtout les mouvements de la marée, qui amènent la vase et permettent la dissémination des espèces. Les palétuviers sont des arbres adaptés à la salinité et au caractère mouvant que la vase donne au substrat. Les arbres sont originaux, ils ont souvent des racines-échasses, qui dessinent de grands arcs leur permettant de tenir dans la vase mais aussi de respirer plus facilement dans un milieu asphyxiant (*Rhizophora* ou palétuvier rouge) ; ils peuvent avoir aussi des racines enterrées dont des protubérances (pneumatophores) pointent à travers la vase (*Avicennia* ou palétuvier blanc). Comme dans la zone tempérée, les mangroves sont aussi caractérisées par une zonation. Cette zonation exprime bien des nuances, salinité plus ou moins forte, exposition plus ou moins marquée, bilan sédimentaire positif ou négatif.

Dernier caractère original que l'on trouve surtout là où existe une saison sèche marquée, la présence de surfaces entièrement nues — les tannes —,

Mangroves en Nouvelle-Calédonie

© Jacana/Maza

Les palétuviers et leurs racines-échasses dans la baie du Prony.

faites de vase consolidée et maculées de taches de sel. Cette sursalure qui se développe en saison sèche est due à l'évaporation intense et au dépôt des sels. Elle empêche la colonisation par la végétation, d'autant que les tannes se situent en général dans la partie uniquement atteinte par les marées de vives-eaux.

Étagées, les formes décrites expriment à la fois la granulométrie des particules et la dynamique marine qui les met en place dans le cadre de la marée. En cela, les marais d'estuaire ne se distinguent guère des marais maritimes de fond de baie et ceux-ci des marais tropicaux.

SYNTHÈSE

Les paysages littoraux s'expriment à travers des formes ; formes d'ablation d'une part, formes d'accumulation d'autre part. Si le destin d'une côte à falaise est de reculer en permanence mais à des vitesses d'autant plus lentes que le matériel est résistant, celui des côtes d'accumulation voit alterner des phases de recul et des phases d'avancée. Cette dernière situation caractérise souvent les fonds de baie où les marais se développent. En revanche, les cordons littoraux sont d'une grande mobilité et les plages passent par des phases d'engraissement et de démaigrissement ; la solidarité des éléments est la règle, et une plage qui engraisse peut ainsi nourrir une épaisse dune bordière. Le processus est réversible. Cette évolution contrastée est liée aux caractéristiques de la dynamique littorale (vents, houles, vagues…).

Pour en savoir plus

A. GUILCHER, *Morphologie littorale et sous-marine,* PUF, coll. Orbis, 1954	Un manuel ancien qui n'a pas vieilli.
R. PASKOFF, *Les littoraux. Impact des aménagements sur leur évolution.* Masson, 1994, 2e éd.	Manuel complet qui s'attache à décrire les formes littorales et à expliquer leur évolution en faisant la part des responsabilités humaines.

2

LA DYNAMIQUE LITTORALE

Quels sont les agents qui façonnent les formes littorales ? Y a-t-il lieu de distinguer l'action des vagues de celle du vent ? Quel est, enfin, le rôle des marées ? La mer attaque par le biais des vagues qui sont, elles-mêmes, la conséquence de l'action du vent sur la mer. Le vent donne naissance à la houle, qui subit diverses modifications à l'approche de la côte. Le vent façonne aussi les dunes. La morphogenèse littorale s'explique par une combinaison de processus.

Un moteur essentiel, le vent (page 26)

En soufflant sur les plages, le vent assèche le sable et le transporte. De son dépôt naît la dune. Le vent est aussi à l'origine de la houle, onde provoquée par le frottement du vent à la surface de la mer. Cette onde se caractérise par sa longueur, sa période, sa célérité. Elle subit, à l'approche du continent, diverses modifications avant que les vagues ne déferlent.

L'attaque de la côte par les vagues (page 28)

Le déferlement constitue le moment clé de la morphogenèse. La vague projette à la côte l'eau chargée de sédiments ; elle exerce également une action abrasive sur l'estran. Le déferlement provoque donc des modifications dans le tracé de la côte. Dès lors que le déferlement se fait en oblique par rapport au plan de la côte, il provoque une dérive littorale. Les vagues de tempête sont les plus agressives.

La marée et les courants de marée (page 34)

La marée est une onde qui, le long des côtes atlantiques de la France, est de type semi-diurne. Il y a deux marées basses et deux marées hautes en une journée. S'il n'y a pas, à proprement parler, de mers sans marée, beaucoup de littoraux ne connaissent que de faibles marnages. Les courants de marée jouent un rôle essentiel dans la morphogenèse des marais maritimes et dans les estuaires.

Un moteur essentiel, le vent

À l'origine des dunes, le vent

Le vent qui souffle sur les plages exerce une action érosive. En fonction de sa vitesse, il met en mouvement des particules : un vent de force 4 dans l'échelle de Beaufort — 21 mètres à la seconde — peut déplacer 10 kilos de sable par mètre linéaire et par heure. Un véritable tri s'opère donc sur les plages. Lorsque la mer est haute, ce tri n'affecte qu'un mince ruban de sable. À marée basse, en revanche, la surface vannée est grande mais le vent doit être suffisamment fort pour dessécher le sable sur l'estran. Les sables très fins sont transportés en suspension tandis que les sables plus grossiers roulent (roulage) et sautent (saltation) de quelques centimètres. Ce sont ces mouvements qui donnent au grain de sable son aspect émoussé et dépoli par les chocs répétés entre grains.

Le frottement des grains ralentit leur progression : ils se déposent alors sur le haut de la plage, bloqués par les débris d'algues et surtout la végétation, qui les piège. Un bourrelet se constitue, qui va donner naissance à la dune.

Une dynamique originale au sein de l'écosystème dunaire

Au sein de la dune, les plantes doivent s'adapter. Elles le font par :
– *leur appareil aérien :* cuticule épaisse et silicifiée qui résiste bien au mitraillage par le sable ; réduction de la surface foliaire, protection des stomates, feuilles grasses pour résister à la sécheresse ; forte croissance verticale de la tige pour faire face à l'ensevelissement par le sable ; plantes annuelles à cycle printanier court ;
– *leur appareil racinaire :* pivot très profond pour résister à l'arrachement ; enracinement soit en profondeur pour chercher l'eau de la nappe, soit traçant près de la surface pour capter la moindre infiltration ; rhizomes traçants horizontaux pour mieux coloniser le sable nu.
Tout l'appareil de la plante est ainsi adapté. Elle vit du sable et le colonise. Par sa présence, elle assure la stabilité de la dune. Les piétinements ne peuvent donc que gravement affecter le bilan de santé des dunes littorales qui présentent une zonation remarquable : laisses de haute mer, berme et bourrelet dunaires portant des espèces influencées par la proximité de la mer.

À l'origine des vagues, le vent

La houle

La houle naît du vent : chacun peut l'observer concrètement lorsqu'une risée déforme de façon brève la surface d'une mare d'eau. De petites rides se forment, régulièrement espacées, et se propagent pendant quelques instants dans la direction où souffle le vent. Elles s'amortissent cependant très vite.

En mer il en va de même, mais la formation d'une houle est un phénomène complexe. Si la houle naît du vent, celui-ci n'est cependant pas régulier. Il souffle en rafales qui n'ont pas toujours la même direction : un système ordonné de rides ne peut donc correctement s'organiser. Cependant, comme le vent souffle dans un quadrant d'origine (par exemple, depuis le nord-ouest), il est des rafales qui se reproduisent plus régulièrement que d'autres : ce sont elles qui vont donner ses caractéristiques à la houle. En effet, les ondulations les plus fréquemment impulsées par le vent ont une longueur supérieure aux autres, qu'elles rattrapent et avalent littéralement, prenant une partie de leur énergie. De proche en proche s'organise alors un système harmonieux qui progresse dans la direction générale donnée par le vent et qui va se propager en dehors du champ même d'action du vent. La houle est formée.

Les caractéristiques de la houle

Les caractéristiques de la houle sont au nombre de cinq :

– *la longueur d'onde :* distance mesurée entre deux crêtes successives,

– *la période :* intervalle de temps séparant le passage en un point de deux crêtes successives,

– *la célérité :* vitesse de déplacement de l'onde mesurée en mètres par seconde,

– *l'amplitude :* mesure de la dénivellation verticale entre la crête et le creux,

– *la direction.*

Ces divers éléments ont entre eux des relations telles que connaissant un des paramètres on peut en déduire les autres. Ainsi, la période et la longueur d'onde sont liées par la relation $L = 1{,}56T^2$ et la célérité est une fonction du rapport de la longueur d'onde (L) sur la période (T). Le tableau ci-dessous illustre ces liens étroits.

On constate que les houles dont la longueur est grande ont aussi la plus longue période et la plus grande célérité. Ce sont elles qui constituent les ensembles les plus majestueux, capables de traverser l'océan Atlantique en quelques dizaines d'heures lorsque des vents violents leur donnent naissance dans les parages de Terre-Neuve, par exemple. Ce sont celles qui ont emmagasiné le potentiel d'énergie le plus considérable, et la prédiction de ces houles représente une nécessité évidente lorsqu'il s'agit de concevoir des ouvrages portuaires ou des ouvrages de protection contre la mer.

Les houles accompagnent donc la propagation des dépressions cycloniques aux latitudes moyennes et hautes, comme elles peuvent être générées dans le champ des cyclones tropicaux.

La combinaison des caractéristiques de la houle

Période T en s	Longueur L en m	Célérité C en m/s
2	3	3,1
4	25	6, 2
6	56	9, 4
8	100	12, 5
10	156	15, 6
12	225	18, 7

À l'approche de la côte, les houles subissent des déformations

La réfraction

Ce phénomène n'intervient que lorsque la profondeur de la tranche d'eau est inférieure ou égale à une demi-longueur d'onde. Il se traduit par un changement de direction progressif qui tend à mettre en permanence les crêtes de la houle en parallèle avec les isobathes (lignes d'égale profondeur). Tout se passe en effet comme si le fond freinait la propagation de l'onde : l'ellipse normalement dessinée par les molécules en eau profonde se trouve lentement déformée par frottement contre le fond : l'ensemble se met alors à pivoter. La réfraction de la houle a des effets considérables à l'approche de la côte, dans la mesure où la houle représente un potentiel d'énergie qui se dissipera sur le trait de côte. L'exposition à la houle est donc le principal paramètre en cause dans la mise en place d'infrastructures portuaires ou d'ouvrages de défense contre la mer.

La diffraction

Lorsque la houle aborde un obstacle émergé, elle subit également un changement de direction. Si elle aborde un cap en oblique, elle le contourne. Ce phénomène constitue la diffraction : une houle de sud-ouest abordant l'île d'Yeu est diffractée aux deux extrémités de l'île, et les crêtes convergent progressivement les unes vers les autres à l'abri de l'île.

À cause de la diffraction, il n'est nullement d'abri naturel total : l'ingénierie portuaire doit donc prendre ce fait en considération pour la mise en place des digues. Ce phénomène a également des conséquences morphologiques du fait des sédiments transportés : les flèches à pointe libre sont en partie liées, dans leur partie terminale, à la diffraction des houles.

La réflexion

Quand l'onde aborde un obstacle, un mur ou une falaise, elle subit une réflexion : l'onde incidente est réfléchie et repart vers le large avec un angle qui est le même que l'angle incident. Ainsi un mur vertical abordé perpendiculairement renvoie-t-il la houle semblablement : les ondes qui se croisent deviennent stationnaires en avant de l'obstacle et celui-ci se trouve théoriquement protégé par cette absence de mouvement à la côte. Quand l'incidence est oblique par rapport à l'obstacle, l'onde repart avec la même valeur angulaire. Ce phénomène a des effets importants sur le transport des sédiments.

L'attaque de la côte par les vagues

Le déferlement

Il s'agit d'un phénomène essentiel. Le déferlement a un effet de morphogenèse sur la côte, qu'il ébranle une falaise ou qu'il remanie les sables d'une plage.

À mesure qu'il s'approche de la côte, le train d'ondes que forme la houle perd progressivement une partie de son énergie par frottement sur le fond. La

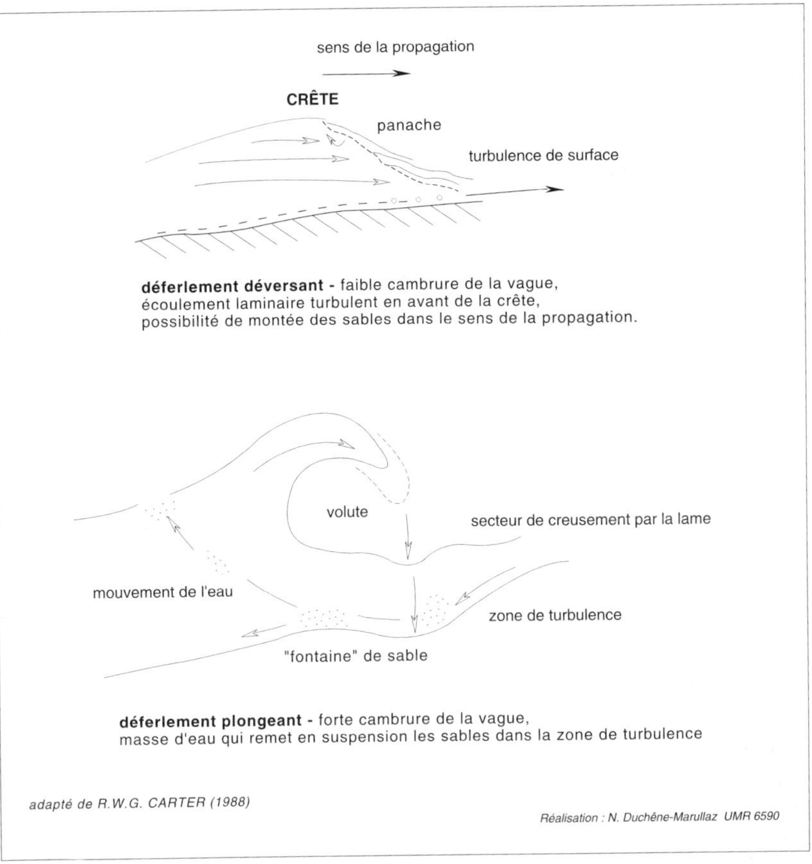

Fig. 8 – **Deux types de déferlement**

houle s'amortit. Les paramètres de la houle se modifient progressivement, à l'exception de la période, qui reste constante. La longueur d'onde et la vitesse de propagation diminuent, la cambrure s'accroît. Les mouvements circulaires que dessinaient les molécules dans l'onde prennent la forme d'ellipses et l'ensemble bascule progressivement (ou brutalement) vers l'avant. Plus marqué à l'avant qu'à l'arrière, le ralentissement a pour conséquence une tendance à l'élévation de l'onde. La vague se redresse, se cambre et, selon les circonstances, peut prendre la forme de la volute que les images du surfing, à Biarritz ou à Hawaii, ont rendu si populaire qu'on pourrait croire ce mode unique. Il n'en est rien, mais ce type de déferlement est très expressif puisqu'il marque, à mesure que la vague progresse, un seuil à partir duquel une grande masse d'eau est littéralement projetée en avant. La vague vient de déferler dans un bouillonnement d'écume qui a d'importantes conséquences morphologiques.

Les deux temps essentiels de la morphogenèse

Le jet de rive

Il voit une montée de l'eau le long du plan de la plage. Selon le type de déferlement, cette montée est plus ou moins turbulente, mais quand la vague en volute a déferlé, c'est une masse très chargée de sédiments qui grimpe le long du plan de la plage. Les sédiments sont arrachés à la plage par l'impact puis transportés en suspension, la fraction la plus fine est alors évacuée tandis que les grains les plus grossiers tendent à retomber rapidement. Les galets en revanche ne bougent guère : au mieux, ils font des bonds, vite amortis (ce que l'on appelle la saltation); sinon, ils glissent le long du plan de la plage. Un premier effet du jet de rive est donc d'opérer un tri granulométrique d'autant plus important que la vigueur des vagues est grande. On conçoit que les moments les plus traumatisants pour la plage sont les périodes de tempête.

La nappe de retrait

Au jet de rive succède la nappe de retrait : l'écoulement est désormais laminaire. Une tranche d'eau peu épaisse regagne alors l'endroit où déferle la vague; elle accroît sa vitesse à mesure que la gravité (du fait de la pente) fait sentir ses effets. Un nouveau tri s'opère, qui ramène vers le bas de la plage les éléments les plus grossiers, des sables qui roulent dans la lame d'eau. Cependant, il n'existe pas de tyrannie de la pente car une partie de l'eau s'infiltre dans la plage. On la voit sourdre à marée basse autour de la ligne de rupture de pente, que l'on appelle ligne de flexion et qui, dans une mer à marée, sépare de la partie haute de la plage, en forte pente, la partie basse, en très faible pente.

Les conséquences morphologiques du déferlement

Les modifications du volume de la plage sont une des premières conséquences morphologiques du déferlement. Les plages engraissent lorsqu'elles gagnent du sable, elles démaigrissent lorsqu'elles en perdent. D'une façon générale, ce sont les situations tempétueuses qui sont les plus susceptibles de faire démaigrir les plages, tandis que certaines houles sont plus engraissantes. À nos latitudes, les plages démaigrissent en hiver et engraissent pendant la belle saison. De tels constats, parfaitement logiques, sont cependant souvent démentis par l'observation tant les paramètres qui entrent en jeu sont variés. L'érosion des plages est liée à l'énergie dissipée par le déferlement. Elle est donc directement liée à la houle. Avec le déferlement, il y a afflux d'eau à la côte. Une partie de l'eau qui a déferlé s'infiltre dans la plage, mais celle-ci étant saturée, le reste repart au large. Des lames d'eau perpendiculaires ou plus ou moins obliques par rapport à la côte constituent ainsi des courants qui circulent aussi bien en surface que sur le fond. Lorsqu'ils circulent en surface, c'est généralement pour des raisons de différence de température, même minime, avec celle de la plage. Quand elle a déferlé, l'eau s'est réchauffée et, plus légère, elle s'échappe en surface selon des itinéraires assez précis qui tranchent la zone de déferlement. Ces eaux n'entraînent en général que la fraction la plus fine des sédiments, et leurs effets sont remarquables quand ils s'ajoutent aux décharges des rivières. Ces courants dits « de refend », car ils tranchent la lame incidente, ont donc des effets d'engraissement sur l'avant-côte mais aucun véritable effet érosif sur la plage elle-même. En revanche, les courants qui circulent sur le fond sont plus agressifs. Ils sont également liés à la température, et on les observe en hiver à nos latitudes lorsque les déferlements s'opèrent sur des plages refroidies, pendant la nuit, par exemple. Les eaux refroidies, plus denses, entraînent avec elles du matériel. On appelle ces courants des courants d'arrachement.

La dérive littorale

Un dernier phénomène doit être pris en compte. Lorsque la direction de la houle est oblique par rapport au trait de côte, le déferlement entraîne un mouvement latéral des sédiments que les hydrauliciens appellent le courant de houle, manifestant ainsi le lien qui s'établit entre ce transfert sédimentaire et la houle (ce que ne dit pas aussi clairement le concept de « dérive littorale »).

Lorsque la vague déferle, elle entraîne les particules en oblique par rapport au plan de la plage et, en cas de forte turbulence, une partie du matériel arraché lors du déferlement transite en oblique avec le jet de rive. La nappe de retrait en revanche reste en grande partie liée au plan de la plage et le grain de sable redescend de façon quasi rectiligne. Il a cependant parcouru, entre le jet de rive et la nappe de retrait, une distance de quelques décimètres ou de quelques mètres latéralement à la plage. C'est ce mouvement que l'on appelle la dérive littorale *(fig. 11)*.

L'énergie dissipée par la houle et la morphogenèse des littoraux sableux

Les formes littorales ne sont jamais que le reflet, à tous les niveaux d'échelle, de la manière dont l'énergie portée par la houle se dissipe à la côte.

Les effets des tempêtes : le recul spasmodique du trait de côte

Les tempêtes constituent le moment le plus traumatisant pour le littoral. Sur une côte à falaise, le choc des vagues entraîne la fragmentation de la paroi, à la fois par effet de choc et indirectement par pression hydropneumatique au sein des diaclases. Le recul est d'autant plus rapide que la falaise est meuble : les dépôts quaternaires limoneux, les falaises sableuses reculent vite, les falaises granitiques reculent lentement. Le recul fournit du matériel que la mer amenuise progressivement par frottement. Ainsi naît la plate-forme d'abrasion marine en avant de l'abrupt, du va-et-vient des sables, des graviers, des blocs lorsque les déferlements sont vigoureux. En été, généralement, ces matériaux se concentrent dans les couloirs en contrebas de la plate-forme, qui correspondent à des points de faiblesse approfondis par simple jeu de l'érosion différentielle. En hiver, le choc des matériaux les uns contre les autres, en partie amorti par l'eau, provoque un lent amenuisement et tout ce matériel use la plate-forme. Ainsi son toit s'abaisse-t-il lentement tandis que recule tout aussi lentement l'abrupt, sans que le niveau de l'océan mondial ne s'élève.

Les formes d'accumulation ne sont que le produit de cette érosion : les sables qui les constituent présentent des caractères qui témoignent de l'action de l'eau de mer. Ils sont émoussés, tous leurs angles sont atténués par l'abrasion, et les éléments les plus fins sont le plus aisément exportés, soit vers

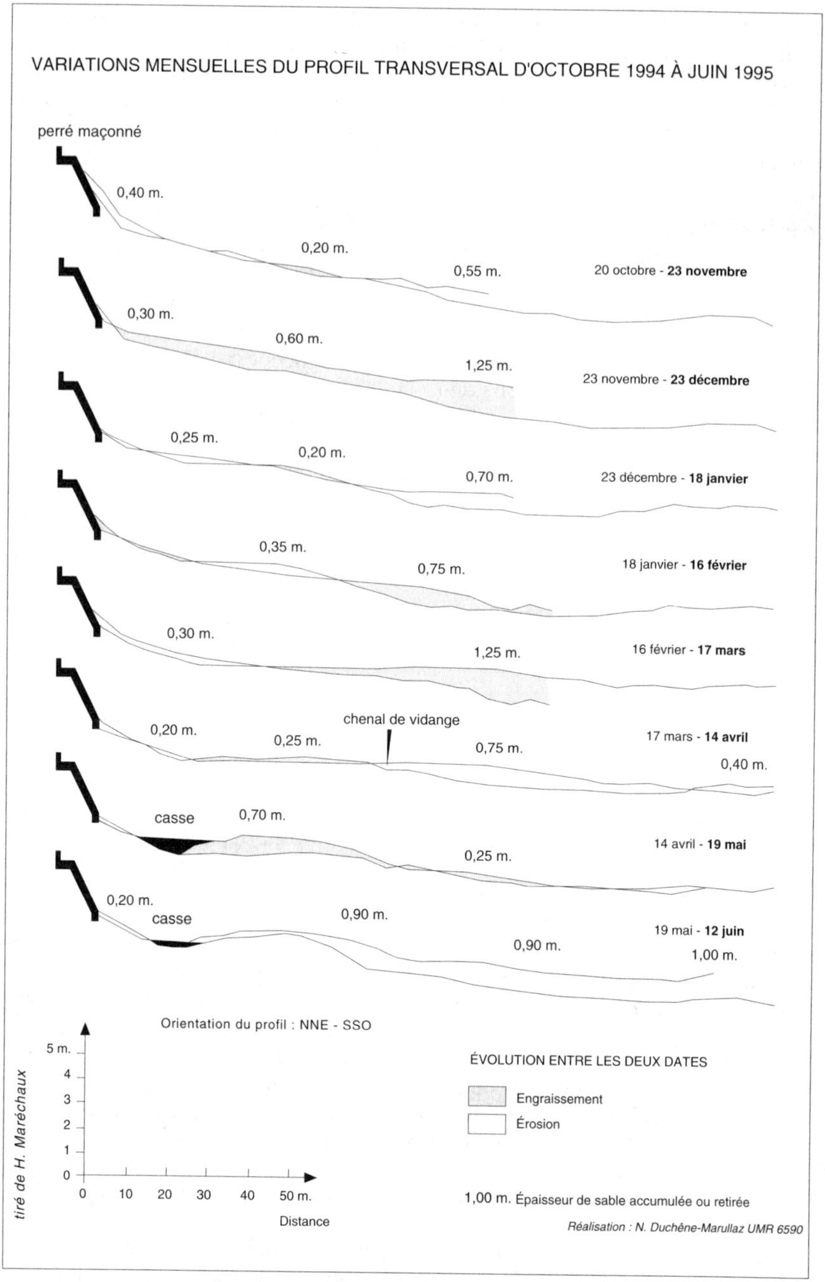

Fig. 9 – **Les variations du profil d'une plage Les Générelles à La Tranche-sur-Mer**

l'avant-côte soit vers les dunes. On peut donc concevoir le littoral dans sa morphogenèse comme un système dont tous les éléments sont solidaires et dont toutes les formes expriment un moment, plus ou moins long, d'une dynamique.

Profil et plan des accumulations expriment l'énergie dissipée à la côte

Les plages traduisent cette évolution permanente. Pendant les phases tempétueuses, elles perdent du sable exporté vers l'avant-côte ; les périodes plus calmes voient ensuite les houles constructives ramener progressivement ce sable. Démaigrissement et engraissement marquent le rythme d'évolution de la plage.

En plan, selon l'origine de la houle *(fig. 11),* le transit littoral peut ainsi transférer du sable d'une extrémité à l'autre des plages.

– Les formes de détail sur la plage et sur le bas de plage marquent à une autre échelle la dynamique marine. À marée basse, de part et d'autre de la ligne de flexion, on peut observer de petits cônes à l'aval et des formes de suffosion à l'amont. En effet, l'eau qui ruisselle entraîne la fraction la plus fine des sables et les accumule sur le bas de plage, là où justement la pente diminue fortement. Cette diminution est, là aussi, une conséquence de ce tri qui ne permet à l'eau qui s'écoule à travers la plage d'entraîner les particules les plus fines *(fig. 10).*

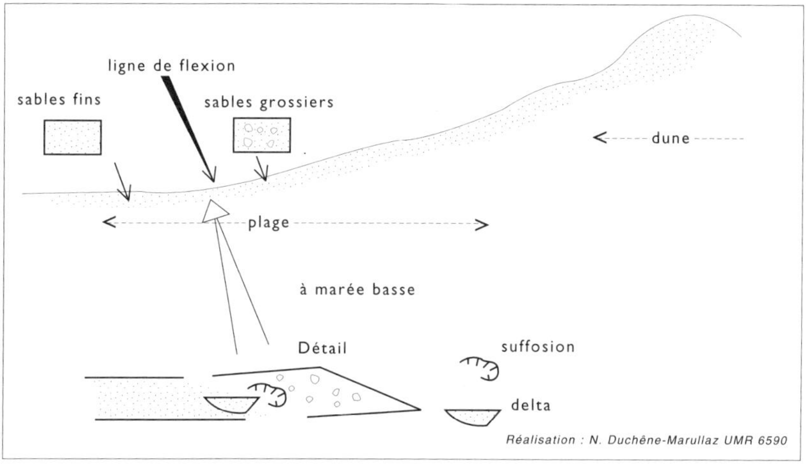

Fig. 10 – **Les formes de détail autour de la ligne de flexion**

– Les rides d'estran, les barres et les bâches que l'on rencontre sur les larges plages (nord de la France, Vendée...) expriment bien cet échange permanent entre la plage et l'avant-côte. Une partie du sable descendu en période de gros temps est maintenue soit dans la partie du bas estran la plus éloignée de la plage, soit au-dessous de la limite des plus basses mers. Ces barres, séparées par des bâches où l'eau se concentre (en partie du fait de la granulométrie fine du sédiment), sont rompues de passes étroites qui permettent à l'eau de

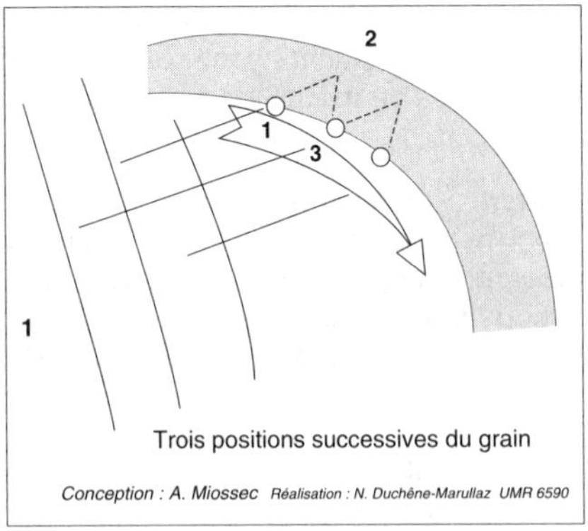

Fig. 11 – **Le cheminement du sable sous l'effet de la dérive littorale**

circuler. Elles « remontent » lentement lorsque le temps le permet et alimentent ainsi la partie de la plage située au-dessus de la ligne de flexion *(fig. 9)*.

Apprendre à lire les formes de l'estran permet d'utiles diagnostics quand il s'agit d'envisager des moyens de lutte contre l'érosion marine. Les formes traduisent à la fois une dynamique et, par le volume des sables qui les constituent, donnent une idée de ce qui transite à la côte.

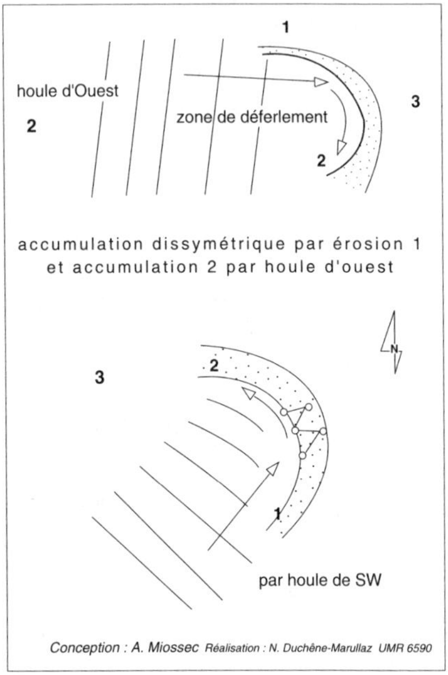

Fig. 12 – **Les modifications du plan des accumulations sous l'effet de la dérive littorale**

La marée et les courants de marée

La marée est un phénomène universel dont l'amplitude est cependant différente selon les lieux. Elle exerce une double influence sur la morphologie des littoraux. Là où elle est sensible, l'estran qu'elle découvre est façonné en permanence ; dans les zones abritées ou dans les estuaires (qui sont aussi des zones abritées), les courants de marée entraînent le matériel, le dispersent ou le concentrent et permettent la sédimentation.

Qu'est-ce que la marée ?

La marée est une onde et se propage selon les lois physiques des phénomènes ondulatoires. C'est un phénomène à la fois simple et compliqué.

C'est un phénomène simple par le rythme qui caractérise la marée, si l'on prend l'exemple de la façade atlantique française, avec ses deux marées hautes et ses deux marées basses observées chaque jour.

C'est un phénomène compliqué si l'on considère l'amplitude de la marée. En effet, il existe des endroits où cette amplitude (différence entre la haute et la basse mer) est faible — c'est le cas en Méditerranée — et des endroits au contraire où cette amplitude est très forte (de 15 à 18 mètres). C'est donc que des facteurs autres qu'astronomiques (attraction de la Lune et du Soleil) viennent perturber cette belle harmonie. Ces facteurs sont forcément géographiques ; ils tiennent à la répartition des terres et des mers, à l'existence de secteurs étroits où se renforce l'onde, à l'existence des plates-formes continentales, ces marges qui fonctionnent comme de véritables marches d'escalier qu'affronte l'onde et qui l'amplifient.

Les effets morphologiques des courants de marée

Les courants de marée

Les courants de marée au large sont rotatifs et tournent dans le sens des aiguilles d'une montre dans l'hémisphère Nord et en sens inverse dans l'hémisphère Sud. Ils ont des vitesses généralement faibles. À la côte, les courants ont un caractère alternatif, parallèle à la côte quand l'onde de marée s'engage dans un chenal (par exemple en Manche), perpendiculaire à son tracé quand l'onde entre dans un cul-de-sac, une baie ou encore un estuaire. La vitesse des courants et leur capacité de transport sont les éléments déterminants de la morphogenèse. Lors d'un cycle de marée, la vitesse varie. Lors de l'étale de basse mer ou de pleine mer, cette vitesse est très réduite : cette brève période est favorable à la décantation du matériel transporté par les courants. Au contraire, à marée montante comme à marée descendante, la vitesse des courants augmente et avec elle leur capacité à entraîner du matériel.

Ce que transporte l'onde est en fait une conséquence des situations atmosphériques : lors des périodes agitées, la mer remet en suspension les sédiments les plus fins et les courants de marée contribuent alors à leur déplacement. C'est par ce mécanisme relativement simple que l'on peut expliquer la formation des marais maritimes dans les fonds de baie, là où l'amplitude est forte et là aussi où l'abri est le plus satisfaisant. Ainsi, l'existence du marais breton ou du marais poitevin peut s'expliquer aisément par l'abri qu'offrent les îles de Ré et de Noirmoutier face aux houles du large et par l'importance d'un marnage qui peut atteindre 5,50 mètres. L'onde de marée pénétrant dans l'anse de l'Aiguillon remonte dans les chenaux qui sculptent la vasière et va d'autant plus loin que la marée est forte. Débordant alors sur la partie haute, elle contribue à l'épaissir, d'autant plus qu'existe une végétation qui joue le rôle d'un piège à sédiments et que l'étale de pleine mer se caractérise alors par l'arrêt de tout mouvement de l'eau. L'engraissement des vasières suppose évidemment le renouvellement constant des apports sédimentaires, soit par le large et le balayage par les houles de la plate-forme, soit par le bassin-versant des fleuves et des rivières. Ce qui introduit au cas particulier des estuaires.

Les effets morphologiques de la marée dans les estuaires

Les estuaires correspondent à la partie aval d'une vallée fluviale dans laquelle pénètre la marée et où on observe surtout un colmatage progressif qui permet de distinguer le tracé de la vallée fluviale telle qu'elle existait lorsque le niveau de la mer était plus bas — et qui s'incisait dans la roche résistante — et celui que l'on observe actuellement ; ce dernier cas est illustré par l'estuaire de la Loire, avec ses rives marécageuses, témoins d'un colmatage intensif. Les estuaires sont des zones de forte sédimentation. Les matériaux proviennent aussi bien de l'amont, du bassin-versant du fleuve, que de l'aval, la côte elle-même et la plate-forme continentale que balaient les houles.

À la différence des estuaires, les deltas sont surtout marqués par l'abondance des apports sédimentaires, qui fait obstacle aux échanges permanents entre le fleuve et la mer. Il peut y avoir des deltas dans des mers à fort marnage, mais où l'importance des apports terrigènes entraîne une accumulation permanente qui progresse vers le large.

Les estuaires sont des espaces marqués par l'alternance des mouvements de l'eau. En toute saison, ils voient s'écouler des eaux douces qui apportent les produits de l'érosion des bassins-versants. En période de crue, ces eaux sont abondantes, leur débit considérable et leur charge massive ; en période d'étiage, au contraire, les apports d'eau et de sédiments sont faibles.

Les rythmes de la marée dans les estuaires

La marée marque les estuaires selon ses rythmes propres. Dans le cas des estuaires de la façade atlantique, la marée semi-diurne fait que, à deux reprises en 24 heures, une masse d'eau salée envahit l'embouchure du fleuve : avec elle pénètrent les sédiments balayés sur la plate-forme continentale. Le volume d'eau salée oscillant dans l'estuaire dépend cependant de l'amplitude de la marée : il est moindre en période de mortes-eaux qu'en période de vives-eaux. Si l'on compare cependant les volumes et leur répartition dans le temps, on conviendra que le rythme de la marée a un caractère autrement plus régulier que celui qu'imprime le fleuve. En résumé, l'estuaire est donc un lieu de contact entre des masses d'eau de nature différente et de charge également différente : des eaux douces et des eaux salées dont la nature physico-chimique est différente, et surtout des eaux qui tantôt additionnent leur volume (à marée descendante), tantôt se contrarient l'une l'autre (à marée montante). C'est de l'affrontement de ces masses d'eau que découlent des conséquences en matière de sédimentation.

À marée montante, l'eau salée qui pénètre dans l'estuaire entrave l'écoulement des eaux douces. Plus dense, l'eau salée passe en dessous de l'eau douce, parfois sous la forme d'un biseau (le coin salé). Elle tend aussi à refouler l'eau douce à mesure que s'élève le plan d'eau. Le refoulement est d'autant plus marqué que l'on est en situation de vives-eaux (pour la mer) et d'étiage (pour le fleuve). C'est ce mécanisme que l'on appelle parfois la marée dynamique, onde qui se marque très au-delà de la limite de pénétration des eaux salées. C'est en partie ce mécanisme qui peut expliquer la fortune des fonds d'estuaire en matière d'installation humaine.

À marée descendante, au volume d'eau salée qui s'évacue désormais se conjugue le volume des eaux douces. Le débit du fleuve est alors accru, la vitesse de l'écoulement plus importante, les effets érosifs plus considérables, qui arrachent du matériel aux berges et creusent naturellement les chenaux. C'est là un des aspects d'un véritable cycle de sédimentation. Celle-ci est la conséquence d'une combinaison de facteurs :

– les apports du fleuve, plus abondants en période de crue ;

– les apports de la mer, d'autant plus importants que la houle a battu les fonds du large (situation des tempêtes hivernales) et que l'amplitude de la marée est forte (parce que les courants sont plus vifs) ;

– l'affrontement des eaux douces et des eaux salées, qui a des conséquences en termes physico-chimiques. Les particules argileuses transportées par l'eau douce et celles transportées par l'eau salée ont des charges électriques opposées qui permettent leur agrégation. Attirées entre elles, elles floculent en augmentant de taille : leur poids les rend aptes à se déposer si les circonstances le permettent.

C'est au flot que les circonstances deviennent les plus favorables : l'affrontement des masses d'eaux douces et salées provoque le ralentissement de l'écoulement. Une telle perte de vitesse est évidemment favorable à la sédimentation. Celle-ci concerne tout ce que le fleuve charrie, les sables d'abord puis les particules les plus fines, qui constituent une lentille d'eau très turbide que l'on désigne du nom de bouchon vaseux. Cette lentille devient presque immobile lors de l'étale de flot, comme elle le sera aussi lors de l'étale de jusant. Ce sont les moments forts de la sédimentation. Les situations dépendent aussi de la saison et de la part respective de la marée et de l'écoulement fluvial. En période de crue et de mortes-eaux, l'avantage est au débit du fleuve, et les sédiments se trouvent expulsés dans la partie externe de l'estuaire ; en période d'étiage et de vives-eaux, c'est la situation inverse qui s'observe, le bouchon vaseux remontant profondément dans l'axe de l'estuaire *(fig. 13)*. Toute la zone concernée par les mouvements de la marée est donc une zone de sédimentation potentielle : on ne s'étonnera pas d'y retrouver des marais maritimes colonisés par la végétation halophile comme des vasières parcourues par les chenaux de la marée.

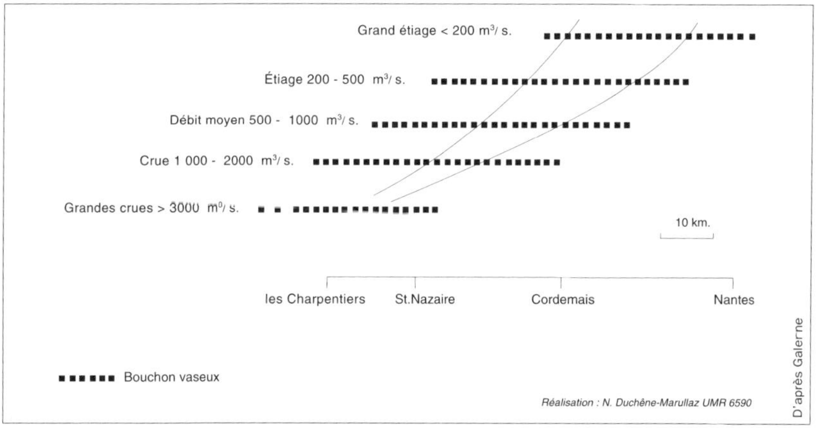

Fig. 13 – **Les mouvements du bouchon vaseux dans l'estuaire de la Loire**

Cette importance de la sédimentation n'est que l'aspect le plus spectaculaire de l'originalité physique des estuaires : elle est à l'origine de milieux et d'espaces que l'on a valorisés de façon différente au cours du temps. À côté de ces aspects, l'originalité biologique des estuaires ajoute encore à leur richesse.

SYNTHÈSE

On entend par dynamique littorale l'ensemble des facteurs qui contribuent à façonner les côtes. C'est la houle qui est l'agent le plus important, mais ce mouvement ondulatoire n'est que la conséquence de l'action du vent à la surface de la mer ; en sorte que la morphogenèse littorale doit beaucoup au vent, directement pour la formation des dunes et indirectement pour le façonnement par les vagues. Le déferlement induit des modifications dans le profil des plages et, par le jeu de la dérive littorale, dans le plan même des accumulations. La marée et les courants de marée jouent un rôle secondaire, mais celui-ci prend de l'importance dans les estuaires et dans les secteurs colmatés.

Pour en savoir plus

F. CARRÉ, *Les Océans,* PUF, Que sais-je ?, 1983	Clair et concis.
A. GUILCHER, *Précis d'hydrologie marine et continentale,* Masson, 1979, 2e éd.	Cet ouvrage traite d'hydrologie globalement. Il consacre une large part à l'exposé très clair de l'hydrologie marine. Relativement ancien, ce manuel n'est pas dépassé.
J. GRAS, « L'estuaire de la Loire, une étude générale d'environnement », *Norois,* tome 28, n° 109, janvier-mars 1981, p. 5-30	Un article de synthèse d'une grande clarté.

3

DES MENACES : ÉLÉVATION DU NIVEAU DES MERS ET ÉROSION

L'élévation du niveau des océans menace-t-elle les littoraux à court terme ? On ne peut clairement répondre à cette question à l'heure actuelle, et rien ne permet d'étayer les pronostics alarmistes. Un tel phénomène est-il original et l'ère quaternaire n'en a-t-elle pas connu de semblables ? Transgressions et régressions ont façonné l'avant-côte au-delà de l'isobathe de 100 mètres. Le trait actuel s'inscrit dans le cadre de la transgression flandrienne. On connaît assez bien les effets de ces mouvements de la mer. Cependant, quelles en seront les conséquences et existe-t-il des solutions pour y faire face ?

L'élévation du niveau des mers (page 40)

Au cours de l'ère quaternaire, les lignes de rivages ont oscillé au rythme des transgressions et des régressions dont l'origine est largement glacio-eustatique. Ce sont les changements du climat qui sont responsables, en très grande partie, de cette instabilité. Depuis 1880 environ, le climat de la planète s'est réchauffé d'un demi-degré, et le niveau s'est élevé de 15 cm environ. Seule la mer Caspienne, pour des raisons encore mal connues, connaît un régime plus inquiétant. On peut y observer une série de conséquences qui pourraient, au siècle prochain, affecter l'ensemble des littoraux.

La lutte contre l'érosion marine (page 43)

Beaucoup de côtes reculent et vont continuer à reculer. L'homme dispose cependant de moyens techniques pour contrer les effets de l'érosion. Des ouvrages longitudinaux (murs, enrochements, brise-lames), qui cassent l'énergie des vagues, et des ouvrages transversaux (épis), qui ambitionnent de maintenir le niveau du sable sur les plages, reculent les échéances et on tend, quand faire se peut, à leur substituer une approche plus naturaliste des choses, en rechargeant les plages, en expérimentant des technologies plus douces. L'heure est désormais à une approche plus politique du phénomène.

L'élévation du niveau des mers

Le niveau des mers tend à s'élever depuis la fin du XIXe siècle. Les chiffres varient selon les lieux et selon les sources ; toutes ne sont pas désintéressées. En effet, l'élévation du niveau des océans a des conséquences importantes et les enjeux économiques sont considérables.

Selon les auteurs, l'époque et les lieux de définition, les chiffres varient. En 1941 déjà, à partir de 69 stations permettant la mesure et pour une période de cent trente ans (1807-1937), on était parvenu à un chiffre modéré de 1,1 mm par an. En 1988, deux auteurs parviennent, pour les côtes de la mer du Nord, à une valeur pratiquement équivalente (1 mm par an). D'autres ont donné des valeurs supérieures, pouvant aller jusqu'à 3 mm par an. Faut-il s'en inquiéter ?

Un phénomène caractéristique de l'ère quaternaire

Si l'on considère ce qui s'est passé au cours de l'ère quaternaire, la réponse est négative, compte tenu du rythme actuel. Cette période, d'une durée d'environ 3 millions d'années, a été marquée par une variation permanente du niveau des mers, voyant se succéder transgressions et régressions. La dernière période, la moins mal connue, a été caractérisée par un abaissement du niveau de l'ordre de 120 à 130 mètres, il y a environ 18 000 ans. À partir de là, le niveau de la mer s'est élevé (transgression flandrienne qui, pour l'Atlantique, atteint son plus haut niveau il y a 5 000 à 6 000 ans), à des vitesses variables dans le temps mais parfois considérables (près de 1 mètre par siècle il y a 9 000 ans). C'est dire si la légère transgression actuelle ne présente pas de caractère exceptionnel.

Des causes plus ou moins bien connues, des projections aléatoires

Concernant les quelque 15 cm d'élévation du niveau des mers depuis un siècle, on a estimé que deux tiers provenaient de la fonte des glaciers de montagne (glacio-eustatisme) et un tiers d'une dilatation de la couche supérieure de l'océan par réchauffement (thermo-eustatisme). C'est donc de l'élévation des températures du globe, de l'ordre de 0,5 °C depuis 1880, que procède cette légère transgression. Des pronostics pessimistes donnés au début des années quatre-vingt faisaient craindre le pire ; on a avancé des chiffres que rien n'est venu corroborer jusqu'à présent. L'hypothèse d'un réchauffement de l'ordre de 4,5 °C pour le siècle prochain avait amené à estimer la transgression possible à 3, 56 mètres vers 2100. Aujourd'hui, on considère comme vraisemblable une élévation de 20 centimètres pour 2030 et de 60 à 70 centimètres pour la fin du XXIe siècle. Toutes ces estimations se sont affinées en quinze années de recherches : lancés par l'Agence américaine pour l'environnement au début des années quatre-vingt, les chiffres avaient aussi pour ambition de mobiliser les milieux économiques et politiques en les inquiétant. Ce n'est que par ce biais que des décisions, pour financer la recherche mais aussi pour mieux gérer la zone côtière (*cf.* chapitre 9), ont pu être prises.

Le cas de la mer Caspienne

La mer Caspienne constitue aujourd'hui un point clé pour l'étude des variations rapides du niveau des mers : en effet, de – 29,04 mètres en 1977, elle est passée à – 26, 94 mètres en 1993. Son rythme moyen annuel d'élévation sur seize ans est donc de 13 centimètres, chiffre considérable. Une telle élévation présente un intérêt considérable : elle modélise en quelque sorte le comportement d'une côte dans la perspective d'une transgression rapide.

La situation

La mer Caspienne est une mer fermée, totalement isolée de l'océan mondial, depuis quelques millions d'années sans doute, et son niveau actuel se trouve au-dessous de celui de l'océan (– 26,94 mètres en 1993). C'est une mer cependant fort étendue (376 000 km²) dont les profondeurs sont importantes (945 mètres au maximum). Son alimentation provient à 80 % du bassin-versant de la Volga, le reste étant fourni par l'Oural, le Térek et la Kura. Compte tenu de sa position, elle doit l'essentiel de l'eau qu'elle reçoit à des perturbations qui circulent très au nord du domaine : le plan d'eau lui-même ne reçoit guère plus de 200 mm (moyenne 1940-1970), avec cependant des variations très marquées qui n'étonneront pas puisque la Caspienne se trouve dans une zone de climat aride à semi-aride de type continental. L'évaporation estivale y est d'ailleurs considérable (de l'ordre du mètre).

Les variations du niveau de la mer

La mer Caspienne a toujours connu de grandes variations dans son niveau et la situation actuelle, souvent catastrophique pour les installations humaines, n'aurait pas dû surprendre. On dispose de mesures à peu près fiables depuis la seconde moitié du XIXe siècle : en 1882, le niveau atteint était de – 25, 03 mètres, plus haut que l'actuel, et il s'était abaissé par palier jusqu'en 1977. Les courbes *(fig. 14)* le montrent clairement, l'une donnant le mouvement général et l'autre le rythme annuel. Autant le mouvement général est ordonné, autant le rythme annuel est variable.

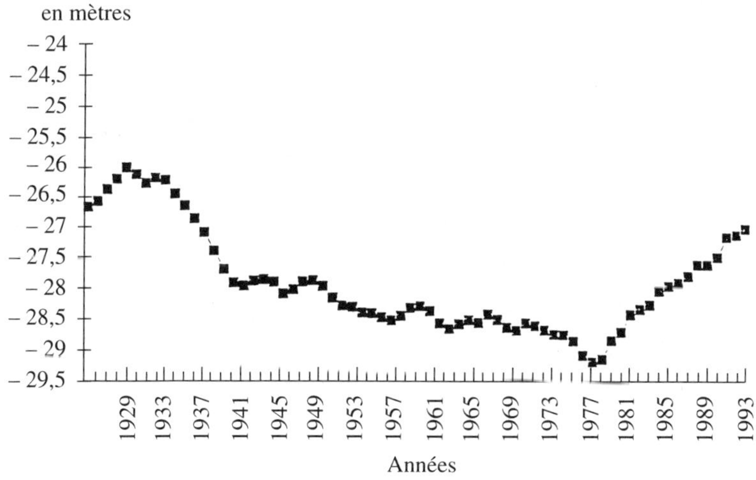

Fig. 14a – **Les variations du niveau de la mer Caspienne**

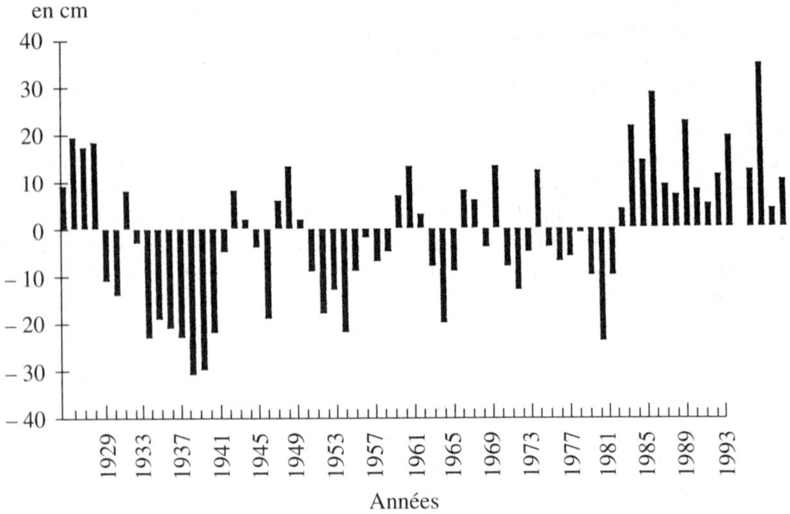

Fig. 14b – **Rythme des variations interannuelles de la mer Caspienne**

La mer Caspienne, au sud de Bakou (Azerbaïdjan)

© A. Miossec

Les effets de la transgression marine aux dépens d'une plage : la rapide montée des eaux et le recul de la plage ferment progressivement la lagune. Les équipements se trouvent alors sous les eaux.

L'aménagement de l'espace

Une telle situation aurait dû rendre prudentes les autorités soviétiques, qui ont pourtant largement profité de la régression constatée depuis 1929 pour étendre les implantations. Ce que l'on voit aujourd'hui témoigne surtout de l'inconséquence des « aménageurs » de l'espace. Partout, la côte recule, les zones basses sont lentement envahies, les ports voient l'eau monter le long des quais ; à Bakou, certains terre-pleins sont inondés en permanence, les champs pétroliers les plus proches sont sous l'eau et celle-ci ronge des derricks prévus pour la terre ferme. La corrosion par le sel (la Caspienne a une salinité moyenne de 19 %) rend problématique l'exploitation de certaines zones prometteuses du nord-est, au Kazakhstan. Là, de plus, une centrale nucléaire, près d'Aktau, est menacée par les infiltrations d'eau salée (son réacteur est enterré). On ne s'étonnera pas que les spécialistes du monde entier viennent visiter les bords de la mer Caspienne : si les uns y observent le comportement des implantations humaines, les autres étudient les modalités de la transgression, en particulier le comportement des plages (photographie).

Compte tenu de l'accentuation de l'effet de serre qui aggrave le réchauffement, on ne peut cependant s'attendre qu'à une montée du niveau des eaux, qui aura forcément des conséquences : aggravation de l'érosion, submersion plus ou moins marquée des marais maritimes ; conséquences qui seront d'autant plus importantes que l'on est en présence de régions basses, subsidentes et peuplées. Des précautions doivent donc être prises.

La lutte contre l'érosion marine

L'érosion des littoraux est une constante de leur évolution. Agissant dans un plan pratiquement subhorizontal, la mer a toujours tendance à faire reculer ce qui n'est pas en situation de lui résister. Ce phénomène naturel est cependant aggravé aujourd'hui par les effets de l'occupation humaine des littoraux, les techniques développées pour y faire face ayant parfois des effets inverses à ce que l'on en attendait.

Les causes de l'érosion des côtes

La nature

La nature est la cause principale et l'on doit s'attendre, avec l'élévation des températures de la planète, à une augmentation de la fréquence et de l'intensité des tempêtes. Les traumatismes observés lors du passage des ouragans tropicaux (cyclone Hugo dans les Caraïbes et sur la côte atlantique des États-Unis en 1989) et lors des grandes tempêtes des moyennes latitudes pourraient donc se multiplier. Et les coûts de gestion augmenter considérablement. Face à l'énergie naturelle dissipée, la société ne peut pas grand-chose.

Le rôle de l'homme

D'autres causes sont liées à l'action humaine : la pénurie de sédiments qui affecte les plages est liée à des extractions inconsidérées qui ont déséquilibré le système ; elle l'est également aux aménagements réalisés le long des cours d'eau, aux barrages en particulier, qui freinent sinon paralysent le transit en direction de la mer.

Les moyens techniques de lutte contre l'érosion

De longue date, l'homme a cherché à fixer la ligne de côte. L'ingénierie s'y est employée en utilisant un ensemble d'équipements dont les effets sont parfois pervers.

Les digues

Les premières digues dont l'histoire fasse mention sont celles que les Bataves construisirent au tournant du Moyen Âge, peut-être à un moment où la transgression reprenait sur les rives de la mer du Nord ; ces digues sont de simples levées, limitant les premières parcelles que l'on veut soustraire à la mer pour les mettre en culture. Elles sont submergées au premier flot et les populations préfèrent encore s'installer sur les « terpen », ces buttes construites d'où ils dominent les vastes plaines de remblaiement fluvio-marines.

C'est à partir du bas Moyen Âge que les techniques se perfectionnent : les digues deviennent plus hautes, plus solides. Elles sont également faites d'un corps d'argile caparaçonné de blocs de pierre. Ce modèle se diffuse au long des côtes jusqu'à parvenir aux îles du centre-atlantique, Noirmoutier et Ré.

Face à la mer, dès le XVIIIe siècle, on expérimente deux types d'ouvrages : les digues longitudinales et les épis. Les ouvrages longitudinaux sont ceux que l'on rencontre le plus fréquemment car ils sont en apparence les plus commodes. Les grandes digues que l'on voit sur les littoraux de la mer du Nord, des bouches du Rhin au Danemark, sont les plus impressionnantes, mais elles répondent à l'absolue nécessité de protéger des terres situées en contrebas du niveau de la mer. Elles se présentent donc en continuité sur des dizaines de kilomètres. Tel n'est pas le cas en France où, dans la plupart des cas, les ouvrages sont de plus petites dimensions. Ces digues ont été implantées en des points stratégiques du littoral, dans l'île de Ré au Martray, par exemple, à un endroit où le cordon sableux est si étroit que les tempêtes le rompent fréquemment.

À Noirmoutier, le saillant du Devin a été équipé dès la fin du XVIIIe siècle pour protéger les marais salants situés à l'est et en contrebas de cordons trop souvent submergés bien que de hauteur déjà importante. Les ingénieurs ont conçu des ouvrages au corps d'argile (de « bri », argile verdâtre que la mer déposait), recouvert de pierres enlevées à l'estran rocheux et appareillées entre elles par un mortier plus ou moins solide. Sous l'assaut des vagues, les ingénieurs du roi se rendirent vite compte que la mer affouillait le pied des ouvrages, provoquant ainsi leur affaissement. Ils purent résoudre le problème en bloquant le pied de la digue avec une rangée de planches en bois (puis en acier lorsque la mutation technologique le permit). Cependant, cette solution innovante n'apporta pas les résultats escomptés, et il fallut recourir à une autre technique, l'ouvrage perpendiculaire à la côte ou épi. En fait, la construction des murs, pour logique qu'elle ait pu paraître, se heurta en permanence à un fait morphologique essentiel : le départ des sables sous l'effet de la réflexion des vagues, qui accroît la turbulence dans la zone de déferlement.

Les enrochements

Une première solution pour lutter contre la turbulence dans la zone de déferlement a consisté dans le recours à des enrochements, c'est-à-dire des

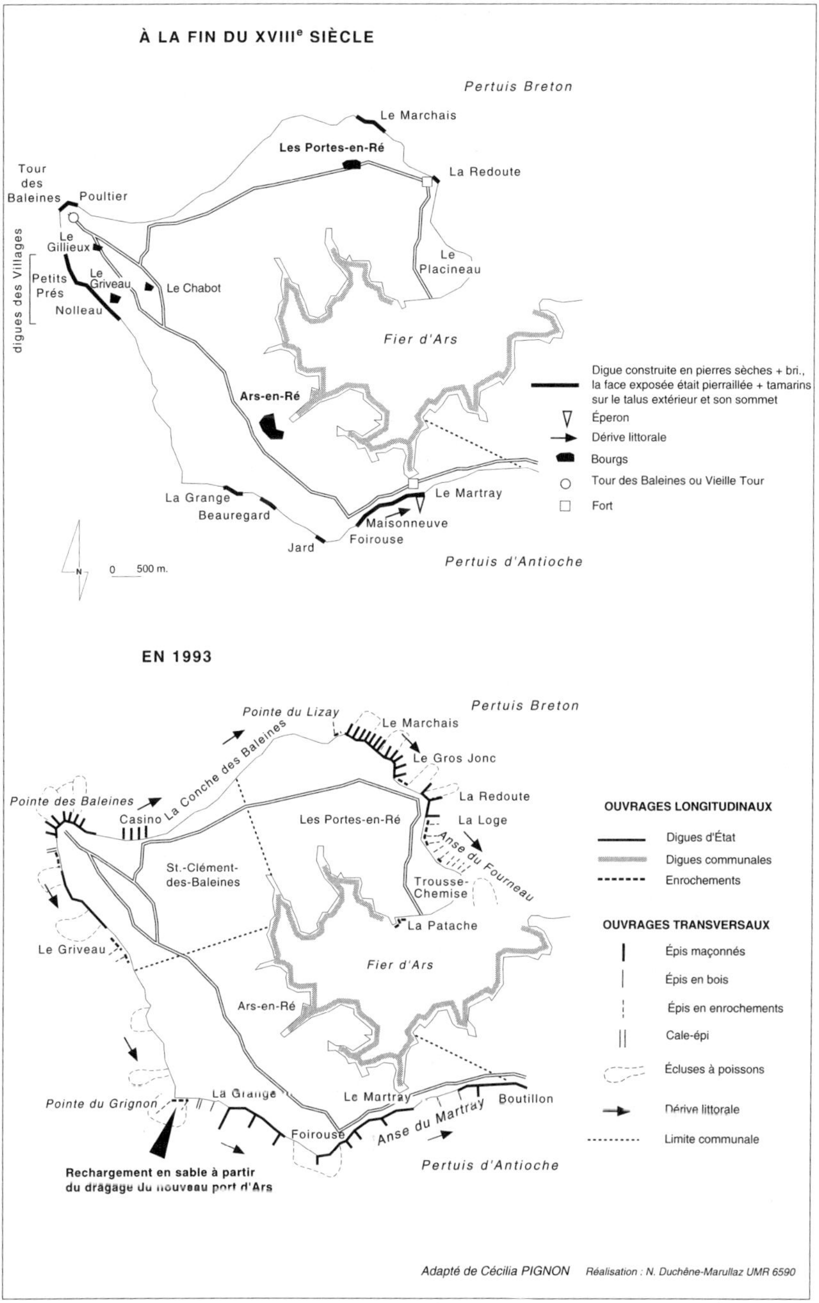

Fig. 15 – **Les défenses côtières dans l'île de Ré**

blocs de roche, d'autant plus stables que la densité de la roche est grande (d'où le recours à certains types de roches volcaniques). L'avantage était double : du fait de l'absence de ciment entre les blocs, la vague déferlante était en partie absorbée dans le corps rocheux et la nappe de retrait était moins efficace ; les sédiments en pied moins souvent évacués, l'ouvrage n'en était que plus stable. Second avantage : un coût plus faible au mètre linéaire. Ces deux qualités ont entraîné un usage très abondant de cette technique, les cordons sableux ont été lourdement protégés et l'insertion dans le paysage s'est faite agression pour l'environnement, d'autant que l'ouvrage placé en pied de dune interdit le plus souvent l'échange naturel entre la plage et la dune : les sables ne « montent » plus guère et l'équilibre de la côte s'en trouve affecté. Certains pays comme les États-Unis en interdisent aujourd'hui la mise en place.

Les brise-lames

En dernière analyse, le mur a migré en direction des petits fonds. On a alors construit des brise-lames, gros ouvrages reposant par deux ou trois mètres de fond, le plus souvent implantés dans les mers à faible marnage et qui présentent l'avantage de casser l'énergie de la mer en avant de la ligne de rivage. De plus, les mouvements de sable, induits par le régime des houles entraînant saisonnièrement leur montée vers la plage, tendent à envelopper les extrémités de l'ouvrage et à provoquer une sédimentation qui est en tous points semblable à ce que sont les tombolos.

Même si ces ouvrages présentent des faiblesses, il ne faut nullement condamner la démarche qui les a multipliés, mais plutôt relever les remarques sur le fonctionnement de la nature qui ont amené les ingénieurs à les perfectionner. De la digue appuyée sur une butée de pied à l'enrochement et au brise-lame, il s'agit d'une adaptation progressive à l'énergie déployée par la mer, cherchant à en entraver les effets jugés néfastes.

Les épis

Les ouvrages transversaux se sont aussi inscrits dans cette logique. Ces ouvrages portent des noms divers : au XVIIIe siècle, on les a nommé « éperons » et, par la suite, le nom « épis » s'est imposé. Ces ouvrages sont des pièges à sable et on les avait expérimentés aussi dans les rivières où, en rétrécissant le lit, ils permettaient l'accélération du courant, donc l'existence d'une profondeur suffisante pour la navigation. En bord de mer, ils obéissent à la même logique : il s'agit de placer un épi en travers d'un courant pour obliger sa charge à se déposer. L'épi n'a donc de valeur que dans le cas où existe une dérive littorale suffisamment fréquente et assez alimentée en sables. L'épi présente un seul avantage : en bloquant le transit du sable, il engraisse la plage et met ainsi le trait de côte en arrière, qui est ainsi plus souvent éloigné du déferlement des vagues. Dans cette perspective, l'épi permet également au vent d'alimenter la dune sur laquelle s'appuie la plage.

Les épis ont cependant des effets induits : en bloquant les sables à l'amont de l'ouvrage, ils provoquent inévitablement une érosion à l'aval, d'autant que l'épi provoque une diffraction de la houle et aggrave alors l'impact des vagues en arrière. On tend alors à protéger le trait de côte, soit par un autre épi, soit par un court cordon en enrochement. Mais cette technique est contradictoire avec le principe supposé.

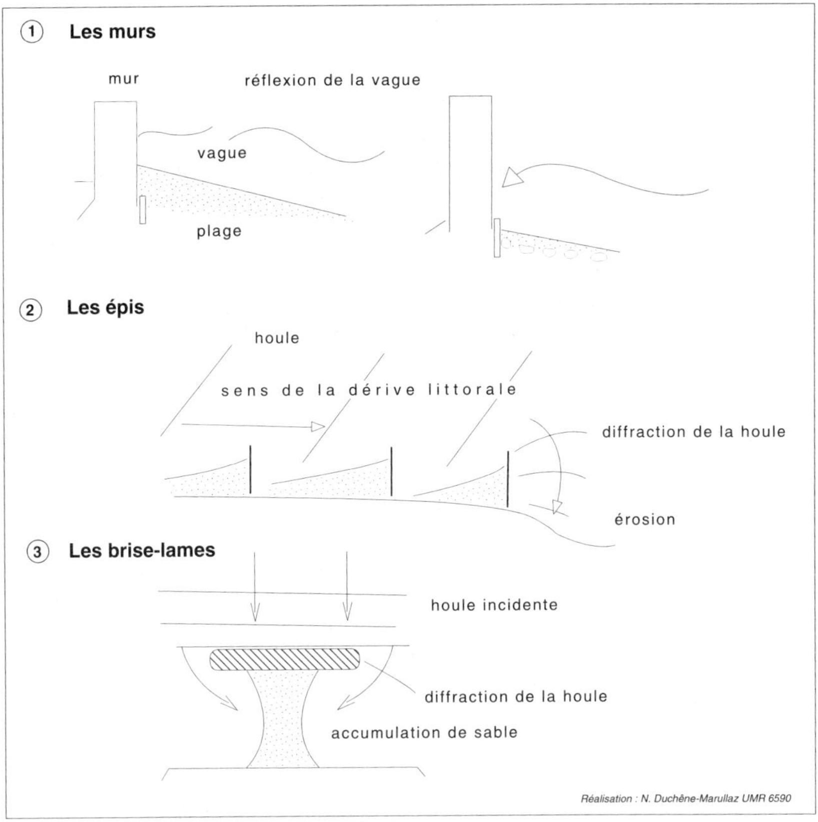

Fig. 16 – **Les effets des ouvrages de protection côtière**

User de la nature pour contrer la nature

Les faiblesses observées des méthodes précédentes, une meilleure connaissance scientifique du fonctionnement du système morphogénique littoral et les critiques venues des milieux écologistes ont conduit à tester ou à adopter d'autres méthodes. Toutes partent du principe qu'il est préférable de s'appuyer sur les forces de la nature pour en contrarier les effets. Quelques techniques nouvelles vont dans ce sens.

L'alimentation en sable des plages

L'alimentation en sable des plages est une technique très utilisée, principalement dans les pays anglo-saxons. Lorsque la quantité de sable qui constitue la plage diminue, les effets des déferlements se trouvent accentués et les équipements qui se trouvent en arrière sont menacés, sans compter le manque à gagner sur le plan économique puisque les touristes viennent moins nombreux. Les ingénieurs de l'US Army aux États-Unis, qui ont privilégié cette technique depuis une trentaine d'années, ont fait école (Pays-Bas, Espagne,

Pologne...). La technique a ses limites : efficacité limitée dans le temps du fait des tempêtes, dont la fréquence comme l'intensité sont imprévisibles ; problème de la source de sédiments, problème de coût ; donc, finalement, des problèmes financiers et environnementaux.

La restauration des dunes bordières

La restauration des dunes bordières procède d'une logique identique. Attaquées par la mer lors des tempêtes, éventrées par les vents violents qui les accompagnent, elles ont particulièrement souffert du développement touristique dès lors que le cheminement des estivants se faisait au hasard. L'idée vint, à l'initiative d'associations de protection de l'environnement et avec l'appui des universitaires spécialisés dans l'évolution des massifs dunaires, de mettre en place des pièges sur le haut des plages pour fixer le sable en transit ; ces pièges, lattes de châtaignier ou filets plastiques, fonctionnent de manière efficace parce qu'ils maintiennent l'échange naturel entre la plage et la dune. Cette réhabilitation de la dune bordière doit s'accompagner de plans de gestion de la fréquentation des massifs eux-mêmes.

Les méthodes expérimentales

D'autres méthodes encore en sont au stade expérimental. L'atténuateur de houle consiste dans la mise en place de tables en acier ancrées par quelques mètres de fond, devant les plages. Leur but est de modifier la période et l'amplitude des houles et d'atténuer ainsi l'agressivité des déferlements. Dans la même logique « naturelle », on tente aussi de drainer les plages : on a observé en effet que la saturation des sables par l'eau de mer au moment du jet de rive accentuait leur mobilité. L'idée est donc venue « empiriquement » de mettre en place un réseau de drains pour évacuer une partie de l'eau et permettre le maintien du stock sableux.

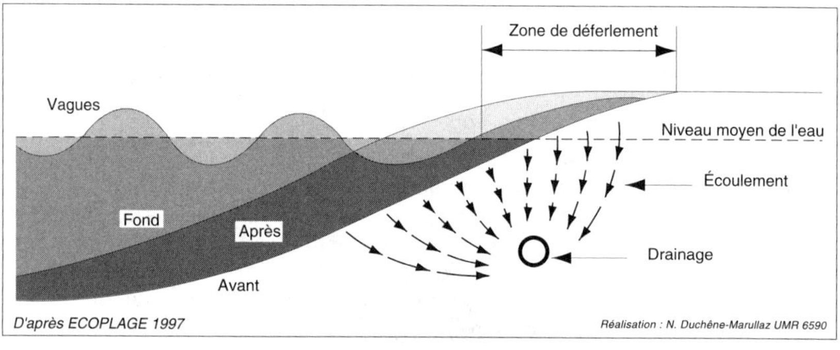

Fig. 17 – **Le drainage des plages**

La gestion politique

Au-delà des techniques de l'ingénierie, l'action politique est déterminante. Dans l'hypothèse d'une accentuation de l'érosion du fait de l'élévation du niveau des mers, on ne s'étonnera pas que les Hollandais aient été à la pointe de la recherche. Déjà, après la catastrophe de l'hiver 1953 qui fit plus d'un millier de victimes aux Pays-Bas, un vaste programme de protection des bouches du Rhin fut mis en place. Ce plan Delta met aujourd'hui les zones inondables à l'abri d'événements exceptionnels. Il est conforté depuis quelques années par une nouvelle politique de défense côtière, qui préconise le maintien de la côte dans sa position actuelle par rechargement systématique des plages et protection drastique des dunes bordières. Il préconise également le recul raisonné dans certains secteurs, c'est-à-dire l'abandon de terres autrefois poldérisées. On jugera de la révolution mentale que cela implique.

Ce principe des zones de recul est également appliqué aux États-Unis : il repose sur la connaissance de la vitesse du recul de la côte et détermine ainsi une bande de terre totalement inconstructible. Le principe de la bande des 100 mètres inconstructibles rappelle, avec d'autres objectifs, que la question n'est pas ignorée en France. La mise à l'étude de plans de prévention des risques côtiers va également dans ce sens.

SYNTHÈSE

Le niveau des océans s'élève, depuis la fin du XIXe siècle, d'environ 1,5 mm par an. Cette élévation est liée à un léger réchauffement de la température globale et ne traduit sans doute qu'une variabilité des climats caractéristique du quaternaire. En revanche, l'aggravation de l'effet de serre qu'induit l'injection de gaz carbonique dans l'atmosphère pourrait entraîner pour le siècle prochain un réchauffement plus considérable. Face à cette hypothèse, les moyens de lutte contre l'érosion marine pourraient se révéler insuffisants. Des méthodes nouvelles sont expérimentées, à côté de l'arsenal classique des ouvrages lourds. Elles découlent d'une meilleure connaissance scientifique, mais elles ne sauraient suffire, et une modification des comportements, en particulier en matière d'urbanisation de la bande côtière, sera nécessaire.

Pour en savoir plus

R. PASKOFF, *Côtes en danger,* Masson, coll. Pratiques de la géographie, 1993	Clair et complet; aborde les techniques de lutte contre l'érosion marine.
P. PIRAZZOLI, *Les Littoraux,* Nathan, coll. Géographie d'aujourd'hui, 1993	Le chapitre 11 fait le point sur l'élévation actuelle. Par le meilleur spécialiste français de la question.
A. MIOSSEC, « Le traitement du recul de la ligne de rivage en France, pratiques sociales autour d'un problème de nature », *Norois,* tome 42, n° 165, janvier-mars 1995, p. 153-172	Comment lutter contre l'érosion marine, avec quels moyens techniques et surtout politiques ?

4

LES AGRICULTURES LITTORALES

Souvent caractérisées par leurs vents violents, par la salure des eaux, les marges littorales sont-elles ingrates et peu aptes à la production agricole ? La densité de la population dans certains secteurs apporte une réponse négative à cette question. Quelles sont les formes d'adaptation les plus originales ? Sur quelles techniques patiemment mises en œuvre l'homme s'est-il appuyé ? Tout dépend des vertus du milieu : les limons ici, des climats sans excès là, l'eau de mer partout si l'on sait la maîtriser. L'agriculteur s'est donc adapté à un milieu difficile. Il a même su conquérir des terres sur la mer, comme il a pu, en maints endroits et depuis des millénaires, extraire du sel de la mer. Des paysages originaux en sont l'expression.

Les variétés de l'agriculture littorale (page 52)

Les ceintures dorées représentent le type le plus remarquable d'une fine adaptation des agriculteurs à la proximité de la mer. Limons, amendements avec des algues et douceur des climats expliquent leur succès. Certaines formes de riziculture, en Afrique, témoignent du même effort d'adaptation.

Les marais salants (page 54)

Une des formes les plus originales des paysages littoraux construits par l'homme. Le marais salant est une usine à sel : le produire exige une eau salée, mais exempte d'impuretés, et des températures estivales favorables à l'évaporation. Les zones de marais salants sont donc strictement localisées. Certaines survivent quand, dans d'autres régions, l'industrialisation a fait disparaître les traces séculaires d'une fine adaptation à la nature.

Les conquêtes de terres sur la mer : les polders (page 58)

Les polders représentent l'aspect le plus spectaculaire de tous les travaux entrepris par l'homme en bord de mer pour gagner de la terre cultivable. Les Hollandais sont passés maîtres dans l'art d'endiguer puis d'assécher des vasières au fort potentiel agronomique ; aujourd'hui, ces conquêtes sont stoppées mais on continue à gagner des terres avec d'autres objectifs (extensions urbaines, aires industrialo-portuaires).

Les variétés de l'agriculture littorale

Il peut paraître paradoxal d'aborder les formes d'occupation de l'espace littoral par l'agriculture tant — en apparence du moins — l'opposition entre terriens et gens de mer semble marquée. Il n'empêche que l'agriculteur sait tirer parti de la mer, de ses ressources proches plus que lointaines, pour améliorer sa production. En France ce sont 723 000 hectares qui sont ainsi cultivés en bord de mer.

Des ressources naturelles

Le climat

En bordure de l'océan (aux latitudes moyennes et sur les façades occidentales des continents), l'hiver est marqué par une douceur des températures qui permet la production au printemps de légumes en primeur, comme dans l'île de Noirmoutier. Les étés ne sont jamais très chauds ni très ensoleillés, ce qui limite l'évaporation qui permet de récolter du sel.

L'exploitation potentielle de l'estran

La vasière que la mer couvre et découvre, dans les fonds de baie (dans les secteurs abrités, en général), contient des carbonates en quantité suffisante pour que des sols riches y portent des cultures diversifiées. Il suffit de l'assécher. L'estran rocheux lui-même porte des algues que l'on a su utiliser pour amender les terres ; et les petits fonds peuvent aussi fournir ces amendements calcaires (le maërl en Bretagne) qui permettent de rééquilibrer des sols trop acides. La marée elle-même peut jouer un rôle : en Irak, dans le delta du Tigre et de l'Euphrate (le chott el Arab), la palmeraie de 13 millions de palmiers-dattiers est florissante parce que, deux fois par jour, la marée refoule les eaux douces par toute une série de canaux qui la distribuent dans les parcelles. Le palmier jouit alors de l'eau nécessaire à sa croissance tout en supportant une salinité relativement élevée des eaux.

Les limons

Il existe parfois des placages limoneux en bordure de la mer. Ces limons sont d'origine périglaciaire. Lors des périodes froides de l'ère quaternaire, le niveau marin étant plus bas, toute une partie de la plate-forme continentale émergeait. Le vent a prélevé la fraction fine des sédiments, cette « farine » s'est déposée en marge des zones englacées et donne ces ceintures limoneuses que l'on rencontre dans le nord de la Bretagne.

Les ceintures dorées

Le terme, imagé, désigne d'étroites bandes de terre caractérisées par une agriculture fort différente de celle que l'on rencontre à quelques kilomètres de la mer : une agriculture plus riche, plus tournée vers les marchés, aux productions précoces et diversifiées.

En Bretagne

La Bretagne en fournit un bon exemple : il existe, en bordure de la côte, des formes de mise en valeur qui reposent sur le travail acharné d'agriculteurs vivant sur des exploitations généralement de petite taille. Les productions sont variées, tranchant avec ce qui se fait dans l'intérieur : les cultures légumières (artichauts et choux-fleurs...), par exemple, sont importantes. La proximité de la mer est en partie à l'origine de formes d'agriculture qui disparaissent dès que l'on pénètre à l'intérieur des terres : la douceur des hivers permet la culture d'espèces que l'on vend en primeur sur les marchés de consommation, les pommes de terre. Les placages limoneux assurent aux sols une richesse due à l'existence d'éléments calcaires, rares en Bretagne. Enfin, les possibilités d'amender les terres avec les algues ont élargi les zones cultivées au-delà des terres limoneuses. L'esprit d'entreprise des hommes a fait le reste, tant le développement des moyens de communication comme des techniques de commercialisation sont essentiels aujourd'hui.

Au Maroc

Même si le terme de ceinture dorée n'est pas utilisé dans ce cas, on peut considérer que la ceinture maraîchère qui suit la côte marocaine — de Kénitra à Safi puis, plus au sud, autour d'Agadir — exprime le même cas de figure. Les cultures proviennent de l'*oulja,* le plus bas et le plus récent des sillons interdunaires mis en place au Maroc dans le cadre de la trangression flandrienne. Elles doivent leur variété et leur caractère florissant à une série de caractères liés à la mer : douceur du climat maritime qui fait que les gelées sont rares, évapotranspiration atténuée par une humidité relative restant élevée en été, régime de brises de mer et de terre qui atténuent les contrastes thermiques, sols légers faciles à travailler, ressource en eau phréatique dans la nappe proche. Un paysage nouveau est né, où la dispersion de l'habitat frappe, paysage fait de petites parcelles entourées de haies et de brise-vent, parsemées de puits. Les cultures se succèdent tout au long de l'année pour le marché local, national et international.

Un exemple : les marais à mangrove en Afrique tropicale

Les mangroves constituent des paysages caractéristiques des zones basses, le long de certaines côtes des régions tropicales où des groupes d'agriculteurs ont su faire preuve d'opiniâtreté dans l'occupation de l'espace. En Afrique, de la Sénégambie au Liberia, les riziculteurs ont su organiser leur finage en fonction des potentialités offertes par le milieu. Il leur faut gérer à la fois l'eau salée qu'apporte la marée et l'eau douce indispensable à la riziculture, eau douce qui apporte avec elle les sédiments issus de l'érosion dans le bassin-versant. L'une et l'autre sont nécessaires, car l'eau salée est source de nutriants quand l'eau douce aide au dessalement des terres. Par ailleurs, le calendrier agricole doit prendre en compte les excès induits par une longue saison sèche qui favorise les remontées capillaires des sels par évaporation : on doit donc impérativement cultiver en saison humide.

L'adaptation est fine. L'habitat permanent est situé loin de la mer, sur les cordons littoraux sableux où la culture sèche est possible. Comme l'espace n'est guère compté en ces lieux difficiles, la riziculture peut être pratiquée aussi bien sur la haute slikke que sur les tannes, ces surfaces nues qui se développent sur le schorre aux dépens de la mangrove. Il faut en effet plusieurs années avant que la parcelle puisse accueillir le riz. Elle doit d'abord être isolée de la mer par des digues percées de drains qui permettent l'évacuation des eaux douces en saison humide et au moment des basses mers. Elle doit ensuite être défrichée : les arbres sont abattus et leurs racines arrachées. Cela fait, la parcelle est inondée en saison des pluies : l'eau douce aide alors au dessalement du sol, et l'évacuation se fait par les drains placés dans la digue. L'ameublissement de la terre peut alors commencer, et des banquettes de culture séparées par de courts fossés de drainage sont construites ; on y plantera bientôt le riz. La dissociation du travail est la règle : aux hommes les travaux de préparation de la parcelle, aux femmes, dans les jardins du village, le soin des plants de riz qui seront repiqués en juillet. La moisson, qui débute en novembre, peut s'étaler jusqu'en janvier et exige que toute l'eau douce de la rizière soit évacuée : quelques jours avant le début des moissons, et à marée basse de nouveau, les drains sont ouverts et l'eau douce évacuée.

Toutefois, les populations ne se contentent pas de pratiquer la culture du riz : elles savent associer, de façon plus ou moins savante, la pêche et la production de sel, tirant, de la mer cette fois, un appoint parfois indispensable. Les coquillages sont ramassés, les huîtres en particulier, qui poussent sur les racines des arbres et que l'on coupe avant de brûler le tout au village pour consommer ou conserver l'huître. La pêche est pratiquée dans les marigots. Quant au sel, il fait également l'objet d'une récolte originale, selon une technique primitive : dans les tannes, un labour superficiel au début de la saison sèche permet la montée des sels par capillarité du fait de l'évaporation. La croûte qui se forme est ensuite fragmentée par les femmes, emmenée au village, nettoyée à l'eau douce de sa fraction argileuse avant qu'une nouvelle évaporation ne permette le dépôt d'un sel qui, commercialisé, introduit ces sociétés paysannes dans les circuits de l'échange. Techniques rudimentaires sans doute et très éloignées de la subtile mise en valeur des marais tempérés.

Les marais salants

Une activité ancienne

On ne produit plus de sel à partir de l'eau de mer au nord de la Vilaine, en France. Cette limite est en partie climatique, car cette activité demande un ensoleillement suffisant, ce qui est relativement aléatoire dans le domaine océanique où les étés sont parfois frais et humides. Dans le passé, des régions plus septentrionales, donc dans des conditions plus difficiles encore, ont produit du sel. Des salines sont mentionnées le long des côtes de la Manche et, en 735, des textes précisent que l'abbaye de Saint-Wandrille en possédait dans la rivière d'Arques. C'est que le sel était une des denrées les plus nécessaires puisqu'il servait à la conservation des aliments.

Des techniques méticuleuses

Les premières techniques de production étaient rudimentaires : le plus souvent, on chauffait de l'eau de mer dans de petits godets en terre cuite au fond desquels on récoltait ensuite le sel. Cette technique semble d'ailleurs dater du néolithique. Dès l'époque romaine, on connaît des marais salants, autour de la Méditerranée mais aussi le long des côtes atlantiques, du Portugal à la Bretagne. L'activité saunière anima considérablement le littoral entre Gironde et Vilaine jusqu'à la Seconde Guerre mondiale : on voit encore, à l'est du golfe du Morbihan, la trace des salines sous les eaux. Les îles, Ré et Noirmoutier, la baie de Bourgneuf ou encore les marais de Guérande ont constitué des pôles très actifs de production et de commercialisation du sel. De lourdes barques descendaient le long des côtes, depuis la mer du Nord et la Manche, pour chercher le sel et le ramener vers les Pays-Bas ou encore les villes de la Hanse. Cette activité s'est aujourd'hui considérablement restreinte, mais elle marque encore le paysage en quelques lieux de la côte atlantique. Elle n'est cependant pas un fait du passé : de jeunes paludiers se mettent depuis quelques années à la production, et une intelligente commercialisation des produits (vente de la « fleur de sel », fabrication de beurre salé avec du sel de Guérande ou de Noirmoutier) assure des débouchés à la production.

Un exemple : les marais de Guérande

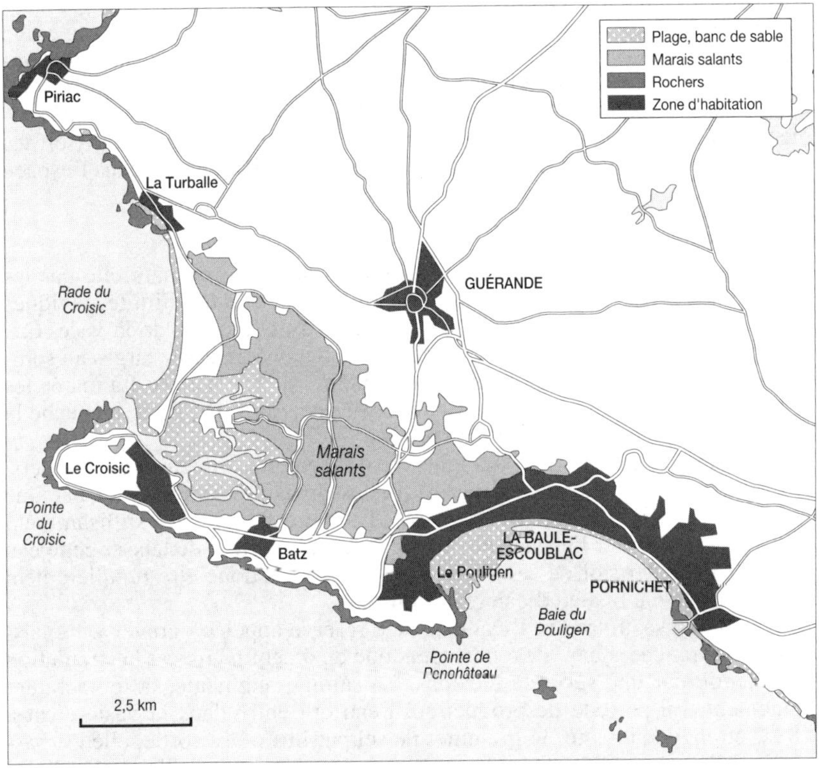

Fig. 18 – **La situation géographique des marais de Guérande**

Une construction naturelle

Ce marais est une construction naturelle. La mer entre et sort de la dépression au rythme des marées, et la vigueur des courants permet le maintien d'une entrée libre de part et d'autre de laquelle on trouve deux prismes sédimentaires : un delta de jusant en mer et un delta de flot à l'intérieur. La mer qui pénètre entre Le Croisic et Penbron à chaque marée étale et trie les sédiments. À l'entrée, les plus grossiers, des sables sur lesquels les hommes pratiquent l'élevage de coquillages (palourdes, praires...). À mesure que la mer envahit la dépression, la vitesse des courants diminue, leur compétence ne permet plus que le déplacement des particules les plus fines : on est donc en présence d'un marais maritime fait de la vasière molle et des herbus progressivement colonisés par la végétation.

Une adaptation de l'homme aux conditions naturelles

C'est dans cet espace que sont nés les marais salants. Les premières salines remontent à l'époque gallo-romaine, mais le véritable aménagement des marais en « usine à sel » date du Moyen Âge (VIIIe-IXe siècle), sous l'impulsion de seigneurs laïcs ou ecclésiastiques. Le site était admirablement placé car il était mieux protégé des tempêtes que la plupart des marais de l'ouest, à Ré ou à Noirmoutier, dévastés à plusieurs reprises par des inondations.

Tout le paysage est construit en fonction de la production du sel, qui exige du soleil pour que l'eau de mer s'évapore mais également une eau suffisamment nettoyée de ses impuretés, de ces vases qui sont l'origine même du marais une fois qu'elles sont résistantes. Il faut donc maîtriser le cheminement de l'eau, la laisser se reposer assez longtemps pour la débarasser des particules en suspension puis l'introduire lentement, par étapes, dans l'espace de production, l'oeillet.

L'organisation du marais

L'entrée de l'eau dans le marais salant se fait de façon naturelle par les étiers qui lacèrent la vasière. Dès l'origine, l'homme a délimité quelques étiers d'entrée qui sont ceinturés de talus construits à partir de la vase. Ces talus ont une hauteur d'environ 3,5 mètres et sont encore assez larges au sommet. Ils doivent résister aux plus grandes marées de vives-eaux. La marée les anime et leur simple présence, par le biais des courants de jusant, empêche le colmatage de l'ensemble de la dépression.

La vasière se situe à l'abri des talus : elle est en prise directe avec les étiers. Il s'agit de vastes cuvettes dans lesquelles on laisse entrer l'eau par une trappe, selon l'importance de la marée. Le but est de piéger suffisamment d'eau pour alimenter l'espace de production, mais surtout de laisser cette eau se décanter lentement de ses vases. La vasière doit donc être régulièrement curée pour que le niveau d'eau reste constant.

Un second sas introduit l'eau dans une réserve appelée « cobier », l'épaisseur de la tranche d'eau n'est plus alors que de 4 centimètres et la circulation est ralentie par une série de cloisons. La salinité augmente, la température également. En période de production, l'eau qui entre dans la vasière est à 18 °C en moyenne pour 34 grammes de sel par litre ; à sa sortie, elle est passée à 22 °C et contient 40 grammes de sel. Dans le cobier, elle atteint 28 °C pour 50 grammes de sel. Tout le système est conçu pour concentrer le sel.

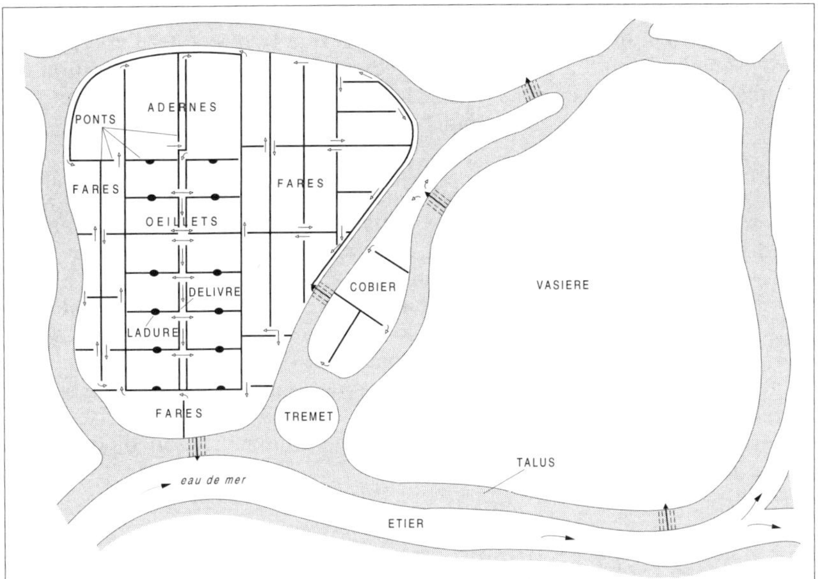

Extrait de G. PÉRON, 1978, Congrès APBG Nantes 16-23 juillet 1978 *Réalisation : N. Duchêne-Marullaz UMR 6590*

Fig. 19 – **L'organisation d'un marais salant**

On entre alors dans la saline. La partie productrice est la partie terminale du cheminement de l'eau, l'œillet. Auparavant, l'eau aura encore cheminé :

– dans les fares, qui sont les bassins d'évaporation par excellence (entre le premier et le dernier fare, la teneur en sel passe de 50 grammes à 200 grammes par litre) ;

– dans les adernes, qui constituent la réserve journalière de l'œillet (la teneur est alors de 250 grammes par litre) ;

– dans les œillets, rectangles à angles arrondis, disposés en séries parallèles et séparés par de petites bandes de vase damée sur lesquelles circule le paludier. L'eau atteint 37 °C et la teneur peut être de 300 grammes de sel. C'est le paludier qui, par un brassage répété de l'eau, va accumuler le sel,

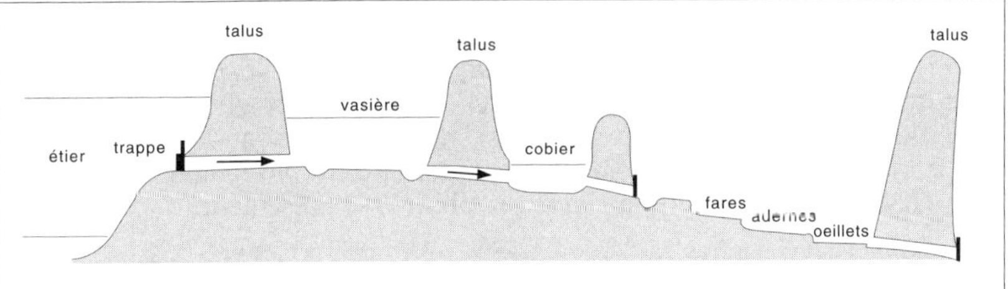

Conception : A. Miossec *Réalisation : N. Duchêne-Marullaz UMR 6590*

Fig. 20 – **Le cheminement de l'eau, de l'étier à l'œillet** bientôt rejeté sur les bords. La « fleur de sel » est la plus prisée : c'est un sel aux cristaux très fins qui flotte à la surface et que l'on récolte d'abord ; plus blanc, sa valeur marchande est la plus élevée. La masse de la production est cependant faite d'un sel plus gros, plus gris également car encore un peu chargé d'impuretés, mais consommable.

L'exploitation des marais

On a exploité jusqu'à 20 000 œillets dans les marais de Guérande, mais aujourd'hui moins du quart est en exploitation. Cependant, l'âge moyen des paludiers a baissé, signe que l'activité reprend. Cela est dû à l'acharnement de quelques-uns et aux aides diverses qui ont inséré progressivement les marais de Guérande dans le patrimoine commun de la France. C'est une nouvelle conception des paysages littoraux qui contribue ainsi à sauvegarder un espace pluriséculaire, œuvre combinée de la nature et du travail de l'homme. En vingt ans, on est passé d'un marais que l'on ne songeait qu'à remblayer à un autre usage de ces milieux originaux. Ils sont désormais valorisés pour l'image qu'ils apportent : une mise en valeur traditionnelle et méthodique qui est partie intégrante d'un patrimoine.

Les conquêtes de terres par endigage : les polders

Les gains de terres sur la mer représentent un des plus beaux exemples de l'acharnement des hommes à lutter contre la mer. En endiguant, l'homme a cherché à atteindre deux objectifs : se protéger des inondations lors des tempêtes et augmenter les superficies agricoles en tirant partie des richesses pédologiques potentielles des vasières.

La poldérisation agricole

C'est le développement de l'agriculture qui fut le moteur des endiguements. La fertilité des sols dépend d'abord de la texture granulométrique des sédiments : sableux, ils donnent des sols légers, bien aérés et faciles à travailler ; plus argileux, ils retiennent l'eau plus longtemps (c'est un avantage pendant la saison estivale). La fertilité dépend aussi de la teneur en minéraux des sols et de la présence de calcaire : de 5 à 10 % parfois, dans les meilleures conditions de la mer des Wadden, aux Pays-Bas.

Toute la technique de la poldérisation tient dans la nécessité d'isoler les schorres naturels de la mer, puis de rendre les sols aptes à porter des cultures en éliminant le sel qu'ils contiennent. Les travaux combinent donc la mise en place de digues et le drainage progressif des sols. Ce sont ces ouvrages qui font l'originalité des paysages de polders, dont l'exemple achevé est celui des Pays-Bas. Techniquement, plusieurs possibilités se présentent.

Les parcs de sédimentation

On peut, comme en Allemagne, au Schlesvig-Holstein, construire d'abord des « parcs de sédimentation », en favorisant celle-ci en arrière de fascines faites de branchages et de pieux et plantées dans la vase. En freinant l'eau qui repart à la mer, les fascines provoquent le colmatage et la végétation naturelle peut s'installer. On peut également semer la vasière et accélérer le colmatage. Des chenaux perpendiculaires sont aussi creusés pour accélérer l'égouttement de la vase et son émersion ; c'est ce que l'on appelle parfois des « jardins de vase », système de rigoles et de fossés creusés dans les parcs. Le système est entretenu par un recreusement tous les cinq ans. Les pluies vont alors contribuer à lessiver les sols de leur sel. L'endigage vient ensuite, qui isole complètement le schorre.

La clôture par des digues

Une seconde technique consiste à clôturer complètement un espace marin par des digues : il faut alors pomper l'eau pour assécher la vase et laisser les eaux douces laver progressivement le sel. Les moulins qui cernent les polders ont longtemps été l'instrument essentiel de l'assèchement, l'eau prélevée étant rejetée dans les canaux qui entourent les surfaces asséchées. Ainsi sont nés ces paysages hollandais si remarquables par leurs traits ordonnés : digues, parcelles encloses, moulins *(fig. 21)*, pompes aujourd'hui *(fig. 22)*, en constituent les éléments principaux, avec les fermes dispersées dans les finages conquis.

Un exemple : la conquête du Zuyderzee

De ce que représentait le Zuyderzee au début de notre ère, on a une idée relativement imprécise : un simple lac devait exister, qui n'avait que des

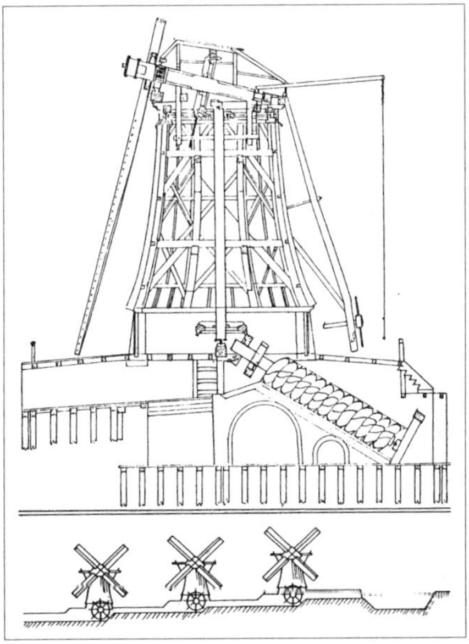

D'après *La Petite Géographie des Pays-Bas*

Fig. 21 – **Coupe d'un moulin à vent en Hollande**

Le moulin du haut est muni d'une vis d'Archimède qui lui permet d'élever l'eau de 4 à 5 mètres. Les moulins du bas, en batterie, utilisent des roues à aube.

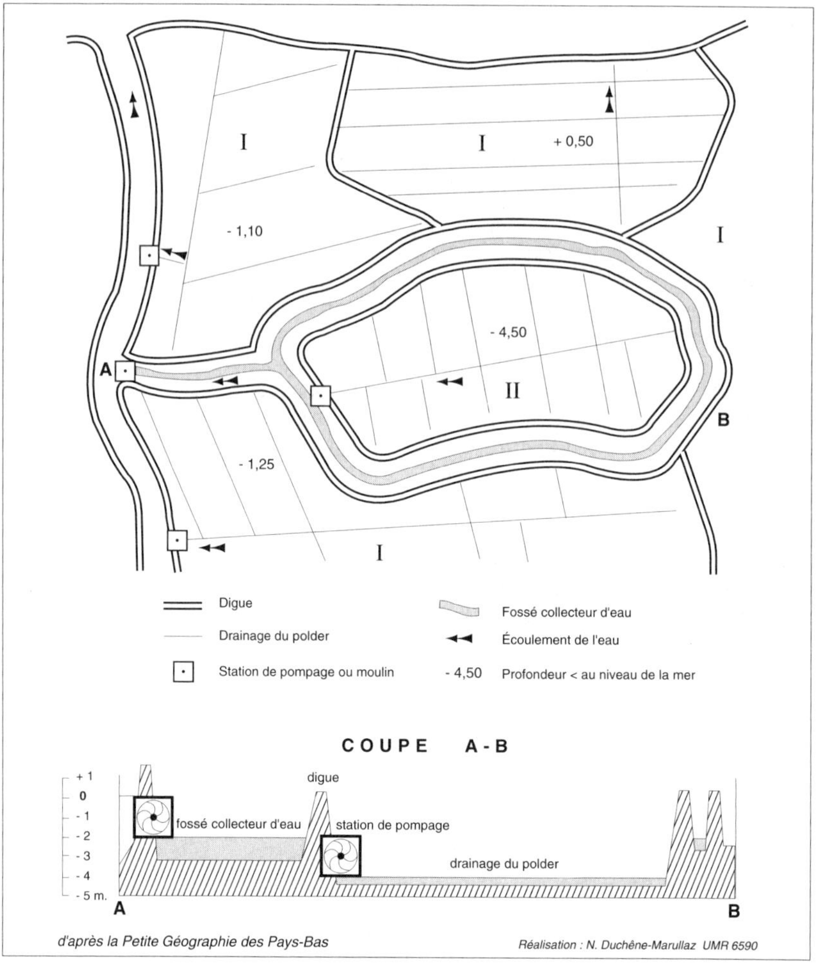

Fig. 22 – **Le fonctionnement d'un polder**
L'eau est évacuée à partir des parcelles, soit par les pompes soit par de petites écluses qui lui permettent de rejoindre les canaux. Chaque parcelle est elle-même creusée de fossés qui drainent l'eau vers les pompes ou les écluses.

relations spasmodiques avec la mer, un lac d'eau douce déjà *(fig. 23-1)*. L'évolution géomorphologique qui met en place les îles-barrières entrecoupées de passes, une érosion plus ou moins intense de la côte aboutirent à une véritable baie, dont l'existence explique en partie la fortune d'Amsterdam comme port de mer dès le Moyen Âge *(fig. 23-2)*. C'est cependant à l'époque moderne que débute la grande vague des poldérisations, sans logique apparente. Toutefois, la continuité de l'effort est évidente et c'est dans ce puissant mouvement qu'il faut comprendre les projets gigantesques du XXe siècle.

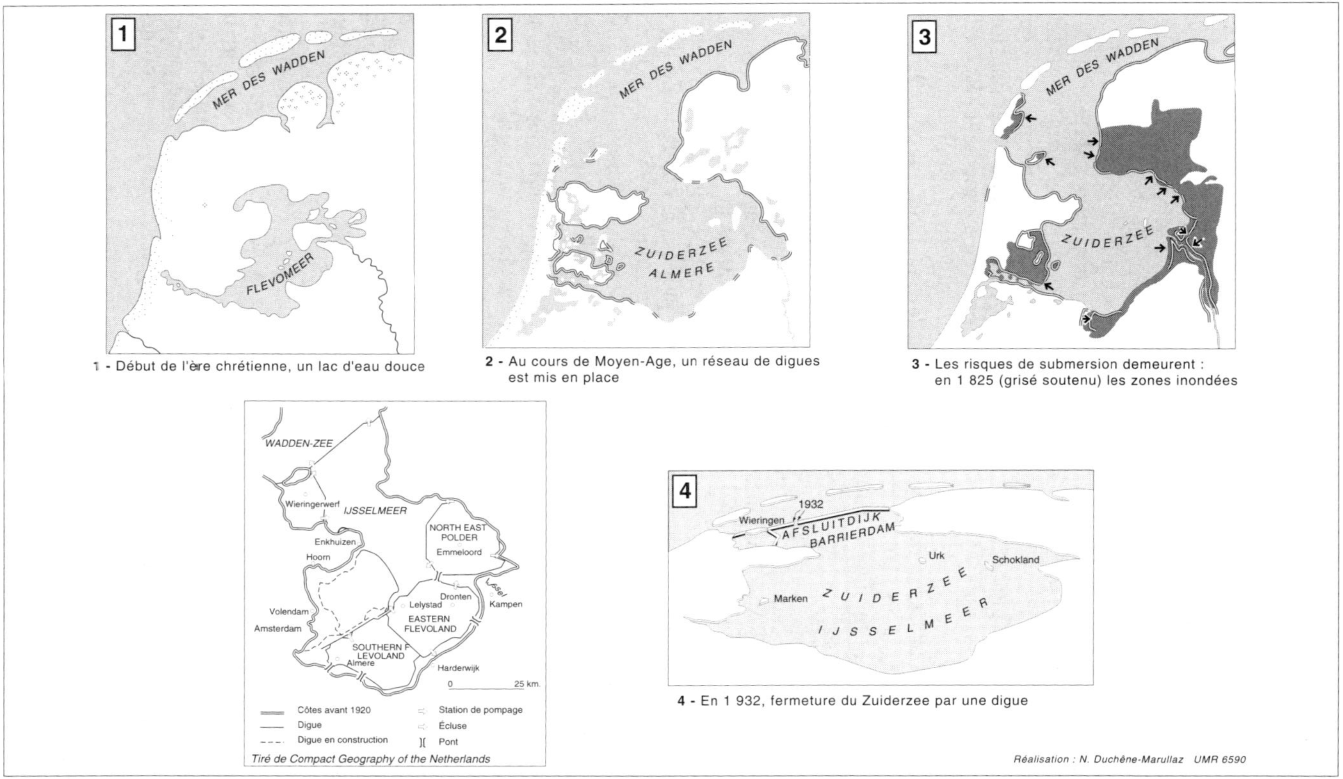

1 - Début de l'ère chrétienne, un lac d'eau douce

2 - Au cours de Moyen-Age, un réseau de digues est mis en place

3 - Les risques de submersion demeurent : en 1 825 (grisé soutenu) les zones inondées

4 - En 1 932, fermeture du Zuiderzee par une digue

Fig. 23 – **L'évolution du Zuyderzee**

L'époque est alors à la toute-puissance de la technique, et le but est fondamentalement le gain de terres pour une population en expansion et dont les qualités sont désormais reconnues : qualité des ingénieurs et des techniciens spécialisés dans la lutte contre les flots, qualité des agronomes et des agriculteurs.

Cette petite mer intérieure constituait une menace permanente pour les terres bordières, et c'est la répétition d'inondations catastrophiques qui amena à concevoir sa fermeture, une œuvre jusqu'alors jamais entreprise à une telle échelle. Et une opération qui allait transformer considérablement l'espace puisque la pêche, activité principale, allait sinon disparaître, du moins être considérablement affectée par l'existence du lac. L'ingénieur Lely, secrétaire de l'Association du Zuyderzee, établit le plan de travail : une grande digue (30 kilomètres) joignant la côte hollandaise à la côte frisonne allait transformer la baie en lac ; puis la création de 5 grands polders, augmentant à terme la surface cultivable du pays de 6 % ; enfin, entre la digue et les polders, un lac, d'eau douce pour l'essentiel, avec des écluses dans la digue qui permettraient l'évacuation des trop-pleins d'eau lors des inondations (le futur lac d'Ijssel). Dès la fin de la Première Guerre mondiale, Lely, qui était alors ministre des Transports et des Travaux publics, lança les opérations. Les dangereuses inondations de 1916 ajoutées aux graves pénuries alimentaires engendrées par la guerre l'y aidèrent beaucoup. Les travaux débutèrent en 1927, et un premier polder, le Wieringermeer, de modestes dimensions (20 000 hectares tout de même), fut achevé en 1930. La construction de la grande digue prit cinq ans, et en 1932 l'Afsluisdijk était achevée. Les trois plus grands polders furent alors successivement drainés et bientôt exploités : le polder du nord-est en 1942 (48 000 hectares), le polder de l'est Flevoland en 1957 (54 000 hectares), le polder du sud Flevoland en 1968 (43 000 hectares). Quant au Markerwaard, on pense qu'il ne devrait jamais voir le jour.

Cette gigantesque opération d'aménagement de l'espace avait plusieurs objectifs. Le principal était et reste la mise en valeur agricole : dans le Wieringermeer, l'agriculture représente 87 % de la surface utilisée, tout comme dans le polder du nord-est. La surface agricole a cependant diminué, et aujourd'hui elle n'est plus que de 50 % du total dans le polder du sud Flevoland où, en revanche, les espaces boisés et les aires de loisirs se sont accrus (25 %), tout comme l'espace résidentiel (18 %). C'est que cette partie de l'ancien Zuyderzee s'est progressivement trouvée entraînée dans la dynamique économique de la « Randstad Holland » dont elle constitue le secteur nord-est.

On voit ainsi comment, en quelques décennies, les travaux de lutte contre la mer, les ambitions séculaires de création de terres nouvelles ont progressivement cédé le pas à d'autres préoccupations, d'autant plus tournées vers la qualité de l'environnement que les problèmes liés à l'urbanisation se posaient de façon plus aiguë. La mémoire est cependant restée fidèle : la ville principale du polder de l'est Flevoland s'appelle Lelystad et devrait atteindre 100 000 habitants à la fin du siècle.

Un mouvement en voie d'achèvement

Ce mouvement d'endigage des terres, fortement amorcé au cours du Moyen Âge dans des conditions difficiles, est actuellement en voie d'achèvement en Europe occidentale. Les Pays-Bas n'ont en effet conquis que 10400 hectares depuis la Seconde Guerre mondiale dans la mer des Wadden quand l'Allemagne aménageait plus de 33000 hectares de polders. Il est vrai que les conditions locales commandent : faim de terres du fait de l'afflux de réfugiés, nécessité de pratiquer, grâce au départ de volontaires, des remembrements qui ont permis à l'agriculture allemande d'être plus performante. Ce mouvement paraît cependant stoppé, mais ce qui vaut pour l'Europe ne vaut pas forcément partout dans le monde. Dans les pays tropicaux, on gagne encore des terres sur la mer. En Indonésie et au Japon aussi, et à Singapour surtout, où l'on estime que, depuis 1820, un dizième de la surface totale a fait l'objet de conquêtes. Agricoles dans le passé, ces conquêtes sont de plus en plus à usage portuaire ou même urbain.

Ces conquêtes furent souvent systématiques : elles ont fait disparaître des dizaines de milliers d'hectares de vasières et de schorres. Colossale entreprise étalée sur plusieurs siècles, elles ont fait la réputation des Hollandais qui envoyèrent à travers le monde leurs ingénieurs pour enseigner l'art d'enclore les marais maritimes : la baie de l'Aiguillon, en France, où la dernière grande digue fut construite en 1965, leur doit une partie de son paysage ordonné.

SYNTHÈSE

Les formes de l'agriculture littorale sont originales et variées. On les rencontre aussi bien dans les régions tempérées que dans les régions chaudes. Elles témoignent de la capacité d'adaptation des hommes à un milieu réputé difficile. Les formes reflètent cette adaptation. Les marais salants sont de véritables « usines à sel » où le circuit de l'eau favorise à la fois décantation et évaporation. Les polders sont le résultat d'un travail acharné d'endigage des terres qu'il faut drainer : elles ont alors une valeur agronomique élevée. En tout lieu, ces agricultures sont peuplantes, en particulier grâce à la complémentarité de ressources qu'assure la côte.

Pour en savoir plus

M. DERRUAU, *Géographie humaine,* Armand Colin, coll. U Géographie, 1995	Un classique.
R. LEBEAU, *Les grands types de structures agraires dans le monde,* Masson, 1996, 6e éd.	Clair et illustré. Sans ambition littorale particulière.
J.-N. SALOMON, *Cahiers d'outre-mer,* n° 160, octobre-novembre 1987, p. 313-342	L'article « Exploitation et mise en valeur traditionnelle des terres de mangroves en Afrique de l'Ouest » est exemplaire pour connaître une revue de géographie spécialisée dans les questions tropicales.

5

LA PÊCHE ET LES CULTURES MARINES

L'activité de pêche est fondée sur la recherche, la capture et la commercialisation du poisson. Quels sont les fondements de cette activité et quelle est son empreinte sur l'espace ? Y a-t-il en la matière une sorte de « déterminisme » qui caractérise les zones de pêche et l'implantation des ports ? C'est sur l'exploitation de richesses des océans que s'appuie la pêche : ces richesses sont inégalement réparties, pourquoi ? Cette exploitation peut-elle continuer au rythme actuel ? Les cultures marines, qui ne reposent plus sur la cueillette mais sur une mise en valeur rationnelle de la ressource, constituent-elles une activité d'avenir ?

Exploiter les ressources de la mer (page 66)

Le milieu marin est porteur de richesses qu'il doit à la nature. Ces richesses ne sont pas également réparties, la productivité décroît, de la bordure côtière au grand large et de la surface aux grands fonds. La pêche est une constante adaptation à ces données physiques, incontournables mais sujettes à variations cycliques. Les pêcheurs doivent traquer en permanence des ressources dont l'abondance varie dans l'espace et dans le temps.

L'espace halieutique (page 69)

L'activité de pêche, qui repose sur l'exploitation des ressources vivantes du milieu marin, s'appuie sur trois pôles. Au cœur de l'espace, le port qui rassemble bateaux, entrepôts ; au large, l'espace de pêche, de la zone côtière où l'on pêche pendant quelques heures aux lieux lointains de la « grande pêche » ; à terre, l'espace de chalandise où se commercialise le poisson.

Les cultures marines (page 73)

Elles représentent aujourd'hui un peu moins de 20 % de la production halieutique. Profitant de la richesse du milieu marin, elles constituent une activité originale et ancienne, où l'intervention de l'homme est importante et où les risques sont grands (épizooties…). L'emprise spatiale, de part et d'autre de la ligne de rivage, exprime des techniques variées de production.

Exploiter les ressources de la mer

Le milieu marin est porteur de richesses; celles-ci sont localisées de façon précise dans l'océan mondial, on les trouve en fait en quelques lieux qui seront autant d'espaces favorables à l'activité humaine.

L'écosystème océanique et les divers types de zonation

C'est la production primaire de matière vivante des océans qui est à l'origine de l'abondance des ressources. Cette matière vivante est produite par des végétaux microscopiques, uni- ou pluricellulaires, capables de faire la synthèse de molécules organiques (glucides, lipides, protides...) à partir du gaz carbonique (CO_2), de l'azote et du phosphore. Ces derniers sont présents dans l'eau sous la forme de nitrates et de phosphates, que l'on désigne communément sous le nom de sels nutritifs. Cette production nécessite de l'énergie qui est fournie par le soleil et la lumière : il s'agit donc d'une photosynthèse. On voit apparaître ainsi quelques facteurs qui conditionnent le développement de la matière vivante.

Les facteurs de développement de la matière vivante

– *L'énergie* est fournie par le soleil : la pénétration des rayons n'est pas possible au-delà de quelques dizaines de mètres : c'est donc dans la zone photique que l'on trouvera l'essentiel de la production primaire.

– *Les sels nutitifs* proviennent de deux sources : d'abord les apports depuis le continent par le biais des eaux douces; ensuite, la minéralisation, stade ultime de la décomposition de la matière organique sous la forme de déchets, de cadavres, d'excréments et sous l'action des bactéries. Une telle présentation schématique permet de comprendre comment la productivité primaire

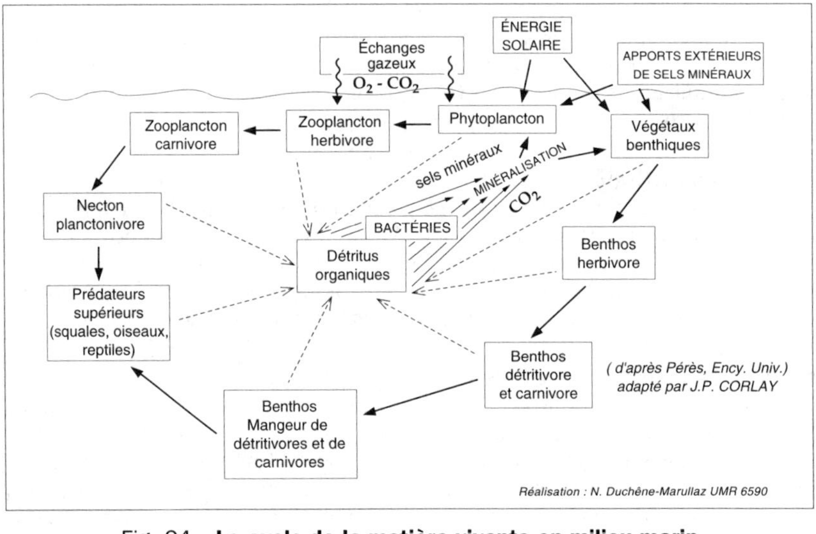

Fig. 24 – **Le cycle de la matière vivante en milieu marin**

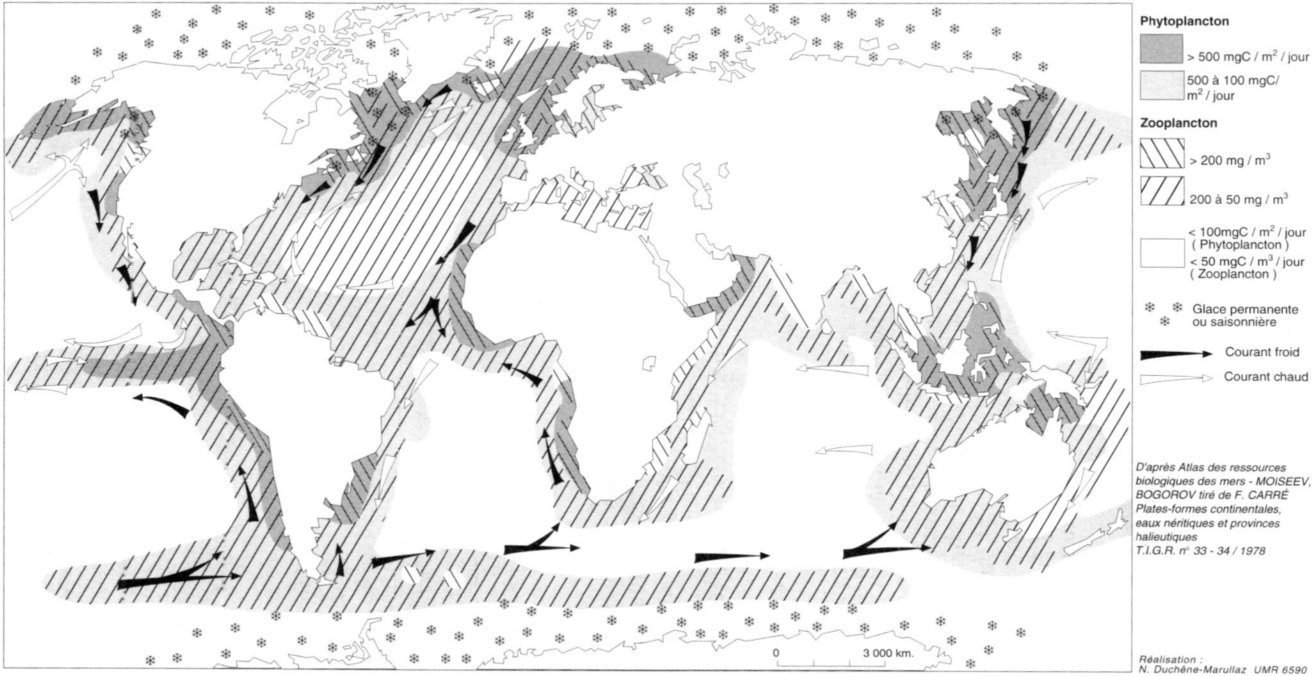

Fig. 25 – **La répartition de la production primaire et de la biomasse zooplanctonique**

des eaux océaniques décroît normalement de la frange côtière vers le large et de la surface vers les grandes profondeurs. La géographie de la pêche se calque donc en partie sur cette zonation.

– *Les brassages divers* (turbulence superficielle lors des tempêtes, courants généraux et locaux) permettent une plus grande diffusion de cette richesse : il y a donc de la vie en profondeur, en particulier dans les zones affectées par des remontées d'eaux froides, qui sont toujours plus fortement minéralisées. La carte *(fig. 25)* illustre ces faits géographiques : les zones où la biomasse zooplanctonique est la plus abondante correspondent à ces remontées d'eaux froides que l'on appelle des *upwellings* (courant des Canaries, courant de Benguela, par exemple) ou encore à des zones de rencontre des eaux froides et d'eaux plus chaudes qui proviennent des basses latitudes (parages de Terre-Neuve, par exemple). Elles correspondent également à toutes les marges des continents : les espaces les plus aptes à fournir des ressources sont ceux qui correspondent aux plates-formes continentales des marges passives, là où l'épaisseur de la tranche d'eau reste modeste (entre 0 et 200 mètres environ) et permet la photosynthèse jusqu'à des profondeurs où glissent des particules également minéralisées venant des bassins-versants des fleuves.

Les domaines océaniques

Ainsi se précise une zonation des domaines océaniques *(fig. 26)* que la pêche exploite en permanence. Ces domaines offrent un potentiel d'exploitation que le savoir-faire des pêcheurs, les techniques progressivement mises au point et une recherche scientifique de pointe affinent et développent. On distingue cependant des espèces qui vivent sur le fond (domaine benthique) et celles qui vivent dans le domaine pélagique, entre le fond et la surface.

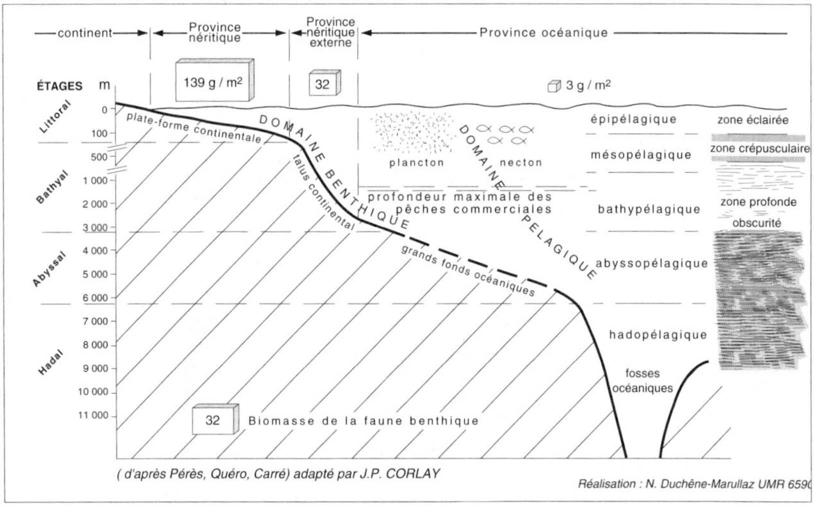

Fig. 26 – **Les domaines océaniques**

L'espace halieutique

L'espace halieutique est composé de trois éléments :

– en mer : les zones de pêche (ou pêcheries), animées par le mouvement des bateaux ;

– sur la côte : les ports de pêche, espaces d'autant plus complexes que l'activité de pêche est importante et que l'adaptation est permanente ;

– dans l'intérieur des terres : un espace de distribution, de commercialisation des prises.

L'espace de la pêche

C'est en mer que s'effectue l'essentiel du travail des marins pêcheurs. La présence des bateaux, leurs mouvements marquent un territoire que l'on peut appeler l'espace de pêche. Certains lieux ne sont parfois connus que de quelques initiés, à proximité des côtes le plus souvent ; d'autres, connus de tous, sont l'objet de concurrence entre flotilles issues des mêmes ports ou de pays différents.

Une marée à bord d'un thonier de l'île d'Yeu

Étudiante à l'Institut de géographie de l'université de Nantes, Yvanne Bouvet embarque au printemps 1991 pour une marée de quelques jours à bord de l'Altor, qui part pêcher le thon germon. Voici deux extraits de son récit.

« 24 mai 1991 – Port-Joinville et en mer

L'Alcor, fileyeur polyvalent de 22 mètres, onze ans d'âge, la cale pleine de glace et les soutes remplies de gazole, part pour sa première marée de thon. Sept hommes à bord dont Régis Groisard, jeune patron de vingt-cinq ans. Cap au 250°, direction les Açores à la vitesse moyenne de 9 nœuds. Quatre jours de route-pêche en direction des eaux chaudes de l'Atlantique. À peine sorti du port, les "perches" (ou tangons) dressées à babord et tribord sont amenées à l'oblique, prêtes comme autrefois à traîner les lignes. Mais elles ne sont là que pour le décor ; sous le pont couvert, à l'arrière, le filet, composé de 7 filières de 20 nappes de 50 mètres et 18 mètres de chute, est là bien rangé, attendant d'être mouillé. C'est de lui que dépend la réussite de la marée. En attendant, chacun retrouve ses habitudes, la "banette" (la couchette), les heures de quart, le rythme lent de la route vers les lieux de pêche. »

« 29 mai 1991

5 heures du matin. "Au jus !" Tout le monde debout et après un rapide café, le virage du filet commence. Le "plateau" est hissé et gaffé par tribord ; puis c'est au tour du filet, placé dans la poulie auto-virante ; les nappes se succèdent et tombent dans la "dalle" (sorte de table de travail) en exhibant leurs lots de poissons piégés ; deux hommes s'empressent de démailler les thons, un autre les vide et les lave avant de les mettre à égoutter dans des parcs aménagés autour des panneaux de cale. Pendant ce temps, à l'arrière, deux hommes s'activent à démêler et ranger la filière. Pour faciliter la manœuvre, le patron, de sa passerelle, maintient son

bateau en vitesse lente en compensant la dérive due au vent et au courant ; au fur et à mesure, il compte les prises de chaque filière et en informe, par langage codé, les autres patrons îlais. Les thons, une fois vidés et lavés, sont disposés soigneusement au fond de la cale et recouverts de glace ; 300 thons de 4 à 6 kilos viennent ainsi remplir les compartiments qui peuvent en contenir 5 000 ! À midi, tout est fini et on passe à table avec un appétit “féroce”. “La marée porte au bec”, comme on dit. Repas copieux, suivi d'une sieste, excepté pour le patron à la recherche d'une nouvelle matte et qui a refilé les lignes. Le soir, entre 21 heures et 22 heures, le filet sera remis à l'eau, et les hommes, à tour de rôle, devront assurer le quart durant une heure vingt. »

L'espace de pêche peut être expliqué d'abord par la nature des fonds. Les caseyeurs, par exemple, travaillent assez près des côtes, sur des fonds qui permettent la vie des crustacés (homards, langoustes, crabes de diverses variétés). Les chalutiers traînent leurs engins par des fonds de quelques dizaines de mètres et des difficultés techniques empêchent souvent qu'ils aillent très au-delà de la pente continentale. D'autres enfin partent au loin, vers des zones de pêche où l'on sait pouvoir trouver, à certaines périodes de l'année, soit des espèces rares à haute valeur marchande, soit des espèces si prolifiques que l'abondance des prises est le plus souvent assurée. En fonction de l'éloignement, les bateaux se font plus gros, les marées plus longues, les structures de la pêche plus sophistiquées : le navire-usine et ses ravitailleurs, doté de ses chaînes de congélation qui permettent d'effectuer à bord un nombre important d'opérations pendant le temps de la pêche. Le bateau valorise ainsi le savoir-faire des pêcheurs comme il prétend rentabiliser les investissements dont il est porteur.

Un exemple, la pêche côtière autour de l'île d'Yeu

Autour de l'île d'Yeu, une partie des captures se fait dans les eaux proches et sur la plate-forme continentale qui cumule pour la vie animale de nombreux avantages (lumière, oxygène, nutriments...). Dans les fonds proches où les roches affleurent les prises sont de deux types : des crevettes et des crustacés. Les chalutiers travaillent plutôt sur des fonds présentant moins d'aspérités, des fonds vaseux où la sole et le merlu trouvent l'essentiel de leur nourriture. Ainsi se structure un espace proche des ports, animés par la petite pêche, celle des bateaux qui partent pour une marée, parfois pour quelques jours, et qui ne traquent pas très loin le poisson qu'ils souhaitent prendre. Peu technique en apparence, cette pêche n'est pas la moins valorisante pour les marins pêcheurs. Elle cumule fraîcheur des prises et diversité de l'offre ; elle n'asphyxie que rarement le marché de volumes qui font baisser les cours. Cette petite pêche est donc l'une des activités les plus nécessaires au maintien d'une vie active dans les ports, en France ou au Portugal, en Tunisie ou au Sénégal. Elle témoigne de l'universalité de la pêche.

Le port de pêche

Le port de pêche est le cœur de l'espace halieutique. C'est un lieu marqué par le travail des pêcheurs, par leur vie de famille ; c'est aussi souvent un lieu

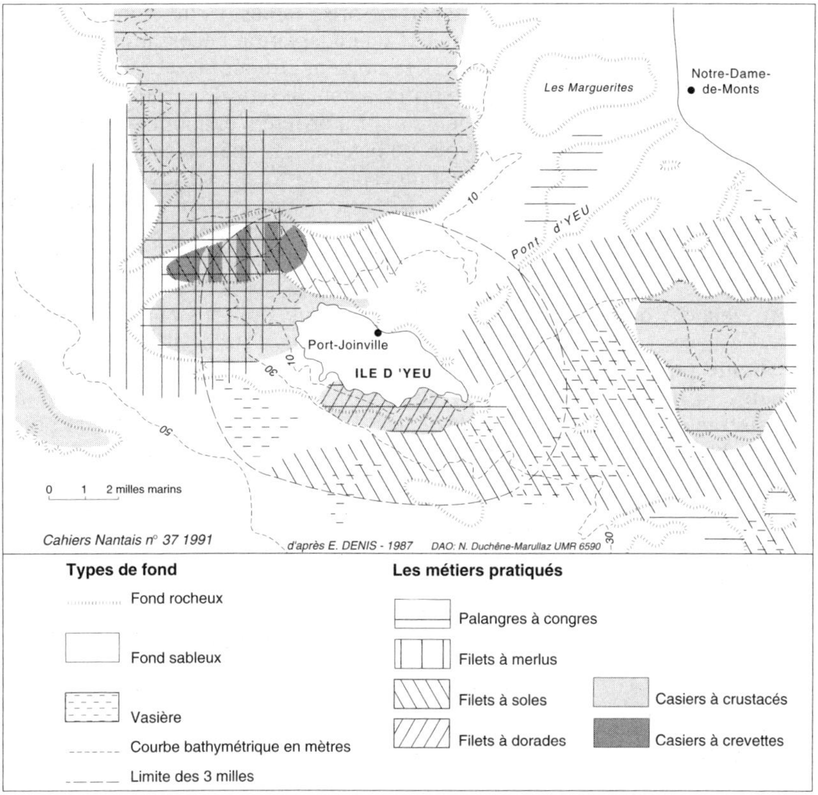

Fig. 27 – **La pêche côtière autour de l'île d'Yeu**

marqué par une culture particulière et, à ce titre, un facteur d'attraction que le tourisme balnéaire cherche à valoriser. C'est avant tout un espace fonctionnel.

Le port de pêche est, par sa morphologie, le signe de l'adaptation progressive de l'homme au cadre naturel. L'activité de pêche ne nécessite pas toujours de port : nombreuses sont encore aujourd'hui, du Ghana aux côtes portugaises, les barques échouées sur les plages. C'est que le volume des captures reste limité et le marché de consommation strictement local. Le port n'apparaît donc nécessaire que dès lors que le nombre des bateaux ou leur taille augmentent. Le port s'inscrit d'abord dans l'espace sous la forme d'un abri naturel : les petites rias bretonnes regorgent encore aujourd'hui de petits bateaux de pêche, le port de la Meule, à l'île d'Yeu, présente aussi ces caractères qui limitent les infrastructures au strict nécessaire, une cale pour mettre les barques à l'eau, un quai parfois.

Un espace construit

Un port de pêche est un espace construit. Ses accès sont balisés de couloirs que marquent les bouées, son entrée est généralement étroite, dominée par le phare situé au bout d'une jetée qui sert de brise-lames. Cette digue face à la mer est la première preuve technique d'une adaptation nécessaire au régime des houles : les bassins situés en arrière doivent être abrités. Le tracé de ces jetées n'est en rien fantaisiste : il exprime autant le sens du terrain des marins pêcheurs que la technique des ingénieurs. En arrière s'épanouissent des bassins aussi divers que le sont les types de bateaux : la spécialisation pèse également sur l'espace portuaire qui est un espace ordonné, ici les petites unités qui sortent à la journée, là les gros chalutiers qui partent pour plusieurs semaines. Le bassin, espace de manœuvre pour les bateaux, est ceinturé de quais dès lors que le marnage, d'une part, et la taille des bateaux, d'autre part, augmentent.

Au-delà des quais s'ordonnent divers bâtiments qui tous ont une fonction dans l'espace. Le petit port de La Cotinière, dans l'île d'Oléron, offre une excellente photographie de cette répartition. D'un côté, ce qui relève du bateau : le poste d'avitaillement pour le carburant, l'usine à glace pour la conservation du poisson dans les cales. De l'autre, ce qui relève du poisson : la halle à marée pour le poisson débarqué, les ateliers de mareyage où sont regroupés les produits que l'on va commercialiser à l'extérieur. Enfin, ce qui relève des hommes : la coopérative maritime aux fonctions diverses, la zone artisanale qui regroupe divers ateliers de réparation des bateaux, des

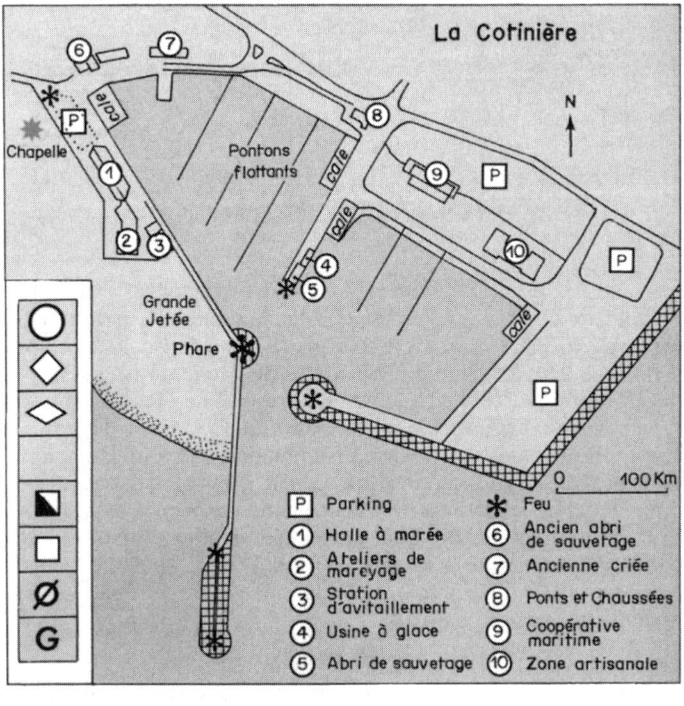

Source : J. Chaussade, J.P. Corlay, *Atlas des pêches et des cultures marines*, Ouest-France, 1990.

Fig. 28 – **Le port de la Cotinière dans l'île d'Oléron**

magasins en relation directe avec l'équipement du bateau (filets, casiers, appareils de prospection...).

L'activité

Les quais du port ne s'animent qu'au moment du départ des bateaux et de leur retour. Au départ, il s'agit d'avitailler, en vivres pour la durée de la pêche, en carburant, en glace également lorsque la « marée » promet d'être longue. L'animation dépend en fait de la taille du bateau et de sa destination. Au retour, les caisses sont débarquées, amenées à la criée où elles sont rangées par lots que les employés du mareyage prennent en charge dès que les prix ont été fixés. Le port est un espace de vie, partout dans le monde où, derrière la diversité des lieux, s'exprime la même manière de vivre collectivement la mer.

Un arrière-pays de consommation

On ne peut comprendre l'essor des activités de pêche sans le bond très important de la consommation du poisson. Dans le passé, c'est sous sa forme séchée qu'il était consommable. Morues, harengs, anguilles préparés de la sorte font d'ailleurs encore les délices des populations du nord de l'Europe, des Pays-Bas aux pays scandinaves. Hormis cette pratique, la consommation de poisson frais se limitait à une bande côtière étroite, souvent un seul jour de la semaine, le vendredi.

L'essor de la pêche est dû à la révolution des transports, qui a contribué à modifier les habitudes alimentaires ; il est dû également à la chaîne du froid qui permet la conservation des prises et, en bout de cette chaîne, à la congélation qui permet la diffusion dans le public de plats préparés. Il est dû enfin au caractère « minotier » de la pêche et aux usines qui transforment en farine des prises de faible valeur marchande à l'unité. Tous ces éléments contribuent à la formation d'un arrière-pays de consommation qui soutient l'activité et suppose que la structure même de la profession s'adapte : le mareyeur du passé reste puissant dans l'organisation du marché, mais le relais est pris par les grandes surfaces de vente au public. Les camions frigorifiques qui sillonnent les autoroutes — jusqu'aux halles de Rungis, dans la région parisienne, depuis Sète, Boulogne ou Lorient — sont le symbole de cette pénétration continentale du marché. De même, Roissy est une plaque tournante essentielle où de gros avions-cargos amènent en quelques heures, depuis Buenos Aires, des cargaisons fraîches qui vont peser sur les cours. L'avenir de la pêche n'est plus seulement dans les ports ; l'activité halieutique est, elle aussi, entrée dans l'ère de la mondialisation. Les captures sont de plus en plus importantes en tonnage, le gaspillage est vivement dénoncé. Les cultures marines, l'aquaculture peuvent-elles apparaître comme des solutions ?

Les cultures marines

Une activité ancienne dont la part augmente

Les cultures marines constituent l'ensemble des activités qui concernent l'élevage et la culture d'animaux et de végétaux aquatiques. Elles se différencient donc de la pêche par le fait qu'il ne s'agit plus d'une cueillette mais d'une intervention de l'homme dans le cycle biologique dans le but d'obtenir une production. On peut, de ce fait, considérer que les cultures marines représentent une activité qui a de l'avenir dans la mesure où elle ne puise pas dans un stock mais contribue à l'entretenir. La FAO considère que, au début du siècle prochain, la part de l'aquaculture (en intégrant la production en eau douce) devrait atteindre 20 à 25 % du poids total produit dans le monde en matière halieutique (contre moins de 15 % aujourd'hui).

Les cultures marines sont anciennes, en Asie particulièrement mais en Europe également, ce qui explique que la production vienne pour l'essentiel de ces deux régions avec cependant une grande disparité puisque l'Asie produit plus de 80 % du total commercialisé.

Les cultures marines portent sur divers types d'élevage : huîtres (ostréiculture), moules (mytiliculture), palourdes (vénériculture), poissons et crevettes (pisciculture) ou encore algues (algoculture). Cette dernière activité a été florissante au Japon avant que les autres ne se développent; ce pays s'est par la suite orienté vers l'élevage des coquillages puis celui des poissons et a fait école, en Corée du Sud en particulier. En France, ostréiculture et mytiliculture représentent l'essentiel de la production.

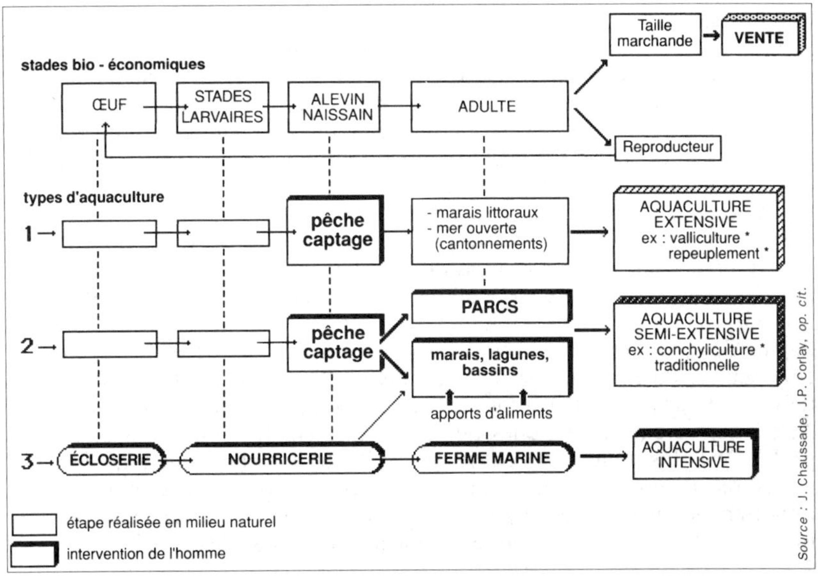

Fig. 29 – **Les types d'aquaculture**

L'emprise spatiale, reflet des techniques de production

Les productions aquacoles reposent sur la richesse biologique du milieu marin, au contact entre la terre et la mer. L'espace recherché par les aquaculteurs est soit l'estran soit des eaux peu profondes proches de la côte, comme par exemple : les étangs côtiers, les lagunes, les marais maritimes et les secteurs de vasières à mangrove dans la zone intertropicale.

Un aquaculteur est plus proche d'un agriculteur que d'un pêcheur car il sème et récolte, il apporte de la nourriture, il est en contact avec la recherche scientifique dans le processus de la production. C'est que l'élevage est une activité aléatoire : des épizooties peuvent gravement affecter la ressource. Au cours des années 1960, l'huître plate qui faisait la réputation des rias bretonnes, a pratiquement disparu du fait des maladies, remplacée par une variété japonaise plus résistante. En 1988, une grave épidémie a fait chuter la production de crevettes à Taïwan. En France, par exemple, l'Ifremer gère des fermes aquacoles expérimentales et cherche à aider les aquaculteurs privés qui veulent se lancer dans la production (élevage de bars, de dorades, de crevettes à Noirmoutier). Les autorités locales tendent à favoriser une activité qui permet une réutilisation des marais salants en voie d'abandon et le maintien des populations dans des communes en difficulté.

Les formes de l'emprise spatiale sont aussi diverses que les variétés produites. Les côtes atlantiques de la France offrent de bons exemples de formes d'occupation qui reflètent la variété des techniques : depuis les bassins d'élevage des poissons, souvent creusés dans les schorres des marais jusqu'aux concessions développées sur l'estran. La mytiliculture comme l'ostréiculture exigent de l'espace : l'estran est occupé par les parcs (huitres) ou les pieux — ou bouchots — sur lesquels croissent les moules dès lors que le mytiliculteur les y a déposées.

SYNTHÈSE

Pêcheurs et aquaculteurs animent la vie des littoraux. Les premiers ont des espaces de production élargis à l'échelle de l'océan mondial : ils traquent le poisson. Les seconds se déplacent sur de petites distances : ce sont des éleveurs, et leur activité se rapproche plus de l'agriculture, avec ses risques technologiques. Sans doute l'épuisement observé de maintes zones de pêche, du fait d'une exploitation trop intensive de la ressource, donne-t-il toutes ses chances à la production aquacole. Celle-ci exige de l'espace et entre ainsi en concurrence avec d'autres usagers. La qualité des eaux, élément essentiel de leur productivité, n'est pas toujours garantie du fait de ces concurrences spatiales.

Pour en savoir plus

J. CHAUSSADE et J.-P. CORLAY, *Atlas des pêches et des cultures marines*, Éd. Ouest-France, Le Marin, 1990 — Un tour du monde de la production et des techniques. Abondamment illustré. Glossaire.

6

LES PORTS MARITIMES

Qu'est-ce qu'un port ? Et surtout, qu'est-ce qu'un grand port ? Qu'est-ce qui, au-delà du paysage qui en fait l'originalité, explique l'existence des ports ? Doivent-ils leur dynamisme aux atouts de leur site ? de leur situation ? aux hommes qui y travaillent et adaptent en permanence l'outil portuaire aux exigences du marché ? De quel poids enfin pèsent les ports sur l'organisation de l'espace ?

Les paysages et les fonctions portuaires (page 78)

Un port, c'est à la fois un paysage et des fonctions. Ce paysage témoigne d'une adaptation au site (bassins, quais, jetées, terre-pleins) et de fonctions spécifiques liées, d'une part, au navire et, d'autre part, à la marchandise.

La puissance et la dynamique portuaire (page 83)

Le port est une « machine » qui fait transiter de la marchandise. Il est donc en adaptation technique constante pour ses propres équipements (grues, portiques à conteneurs), mais aussi pour les navires. Le gigantisme et la spécialisation des navires font partie des mutations qui affectent le port. Mais certains ports déclinent car ils n'ont pas pu s'adapter.

L'organisation de l'espace par le port (page 88)

Un port est un puissant facteur d'organisation de l'espace : le triptyque portuaire exprime cette capacité. Il repose sur un arrière-pays où la marchandise est distribuée ou drainée et sur un avant-pays qui est celui des lignes régulières tissées par le port. Au cœur du dispositif se trouve le port. Ses fonctions lui fournissent une aptitude forte à maîtriser l'espace.

Les paysages et les fonctions portuaires

À la question : Qu'est-ce qu'un port ?, on répondra qu'il s'agit d'abord d'un paysage original : des quais, des bassins ouverts ou éclusés, des grues, des entrepôts et, forcément, des bateaux. Pas toujours beaucoup de bateaux, car on est loin désormais des quais grouillant de vie peints par Vernet au XVIIIe siècle : la vie semble avoir aujourd'hui quitté bien des ports dont les tonnages sont pourtant loin d'être négligeables. L'ensemble Nantes-Saint-Nazaire (24,6 millions de tonnes en 1996) en offre un bon exemple : les rives semblent le plus souvent vides de bateaux. C'est que le port est d'abord un outil au service de l'économie et que le bateau est fait pour naviguer : trop de temps passé à quai, c'est trop d'argent immobilisé en pure perte. Le port est donc un instrument de puissance économique.

L'importance du site

Des premiers ports, on sait peu de choses : les infrastructures d'accueil devaient être limitées et les bateaux, simples barques plutôt, étaient tirés sur la plage, dans le fond de criques. Pour que le port prenne de l'importance et sorte de la banalité en termes de localisation, il lui fallait un site favorable.

Que signifie un site favorable ? Tout dépend de ce que veulent en faire les hommes et, dès les temps les plus anciens, le site a supposé un minimum de projet pour l'avenir. Il faut donc de la place, des profondeurs et un espace assez étendu en arrière de la côte. Le port face à la mer, et la ville derrière le port.

Un abri

Le bateau exige abri et espace pour manœuvrer. Il a exigé de plus en plus d'espace à mesure que la fonction commerciale a crû, et encore plus d'espace quand est venu le temps des formes lourdes d'industrialisation. Pourtant, c'est d'abord l'abri qui a fait la fortune des ports. Abri contre les éléments venus du large, contre le vent, contre les houles, contre les surcotes de tempête : de ces éléments, aucun port n'est entièrement libéré, même aujourd'hui. Dans le passé, les ouvrages étaient limités aux conditions techniques de l'époque, la prise au vent des bateaux restait relativement faible. Aujourd'hui, la taille augmentant, les risques se sont accrus : un vent de 5 m/s (IV sur l'échelle de Beaufort) exerce une pression de plus de 5 kilos par mètre carré, un vent de 21 m/s (X sur l'échelle de Beaufort) une pression de 67 kilos par mètre carré. On voit à quoi s'expose, en matière de poussée latérale, un pétrolier ou un paquebot qui offre plusieurs milliers de mètres carré de coque à l'action des vents… C'est dire si, la taille des bateaux augmentant, l'homme ne s'est pas autant qu'il le voudrait libéré des contraintes de la nature : les ports doivent faire l'objet d'études préalables (sur modèle réduit parfois) qui garantissent l'architecture de l'ensemble. Les digues doivent être suffisamment hautes pour faire face aux surcotes des tempêtes (mais connaît-on les plus hautes vagues ?), leur tracé doit épouser au plus près les directions de houles les plus fréquentes (sans que l'on soit certain toutefois que l'intensité d'une houle soit toujours liée à sa fréquence). Il y a donc toujours des risques que l'ingénierie

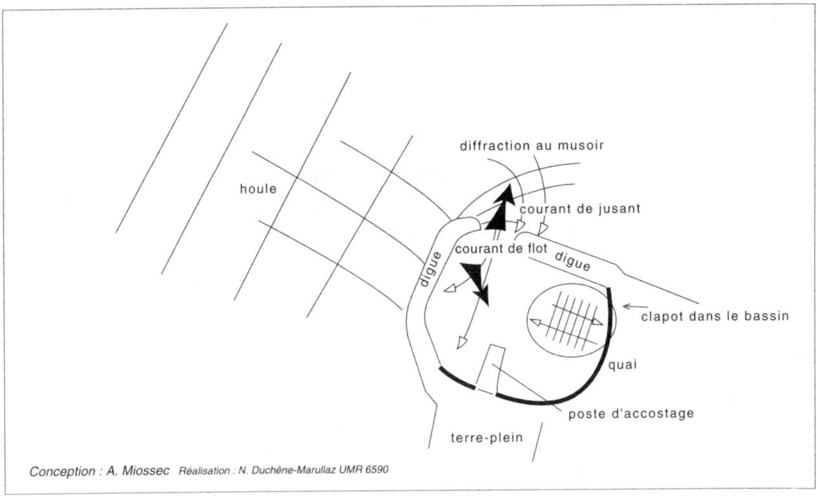

Fig. 30 – **Problèmes posés par la houle et la marée dans le bassin portuaire**

moderne tend à réduire mais rarement à supprimer. Les diffractions au musoir des digues ajoutées aux effets des courants de marées gênant l'entrée et la sortie des ports, les clapots à l'intérieur des bassins doivent également être pris en compte.

On s'explique ainsi la morphologie d'ensemble des principaux ports, les longues digues qui protègent l'entrée de l'Europoort à Rotterdam, les nombreux brise-lames qui, au Japon, cherchent à anticiper les effets destructeurs des vagues accompagnant les tsunamis.

La gestion du risque climatique constitue l'un des postes essentiels de l'ingénierie portuaire mais il lui faut également prendre en compte les effets de la marée, lorsqu'elle existe. Ces mouvements scandent la vie des ports, au flot comme au jusant car la profondeur des bassins, celle des souilles naturelles limite la durée des opérations : il n'est pas rare que l'essentiel des mouvements de bateaux soit placé pendant l'étale de la pleine mer. De ce point de vue, certains sites jouissent d'un avantage incontestable ; c'est le cas du Havre, par exemple, où la durée de l'étale de pleine mer est de près de trois heures.

Les estuaires

L'importance de la marée, ajoutée à l'abri qu'ils offraient, explique le choix des estuaires comme site. Les grands ports du passé furent le plus souvent des ports de fond d'estuaire ; c'est le cas, en France, de Rouen, Bordeaux, Nantes et, en Europe, de Rotterdam, Anvers, Hambourg, Londres.

Ce n'est pas seulement aux avantages de la marée que les estuaires doivent leur importance. L'abri contre les perturbations climatiques et contre d'éventuelles menaces militaires était forcément plus sûr. En fait, c'est la conformation des estuaires qui est à l'origine de leur fortune, et leurs particularités morphosédimentologiques peuvent expliquer la continuité du rayonnement des ports. Si certains ont décliné, c'est en partie du fait des contraintes du site ; si d'autres se sont maintenus, c'est aussi parce que les hommes ont cherché en permanence à adapter le fleuve aux exigences économiques et, encore une fois, c'est la puissance technique qui a permis l'adaptation.

Les avantages

Quels sont les avantages qu'offrent les estuaires ? D'abord, du fait de la marée, il est possible de faire remonter les bateaux très loin en amont dans le fleuve. Les ports de fond d'estuaire marquent d'abord la rupture de charge nécessaire. En France, Rouen ou Nantes en sont de bons exemples : là où le fleuve se rétrécit, là où il n'est plus assez profond, s'opère le transit.

Dans le passé, il importait de faire voyager sur l'eau les cargaisons les plus lourdes : le bateau, par sa capacité de charge, permettait de grandes économies en matière de transport. Si Rouen fut longtemps un port charbonnier important en France, c'est parce que le transport du charbon, remontant la Seine sur près de 100 kilomètres, était le plus économique (à la tonne transportée).

Le site de fond d'estuaire a aussi correspondu à une portion d'espace où la largeur du fleuve permettait son franchissement : les ponts, qui sont venus fermer en quelque sorte l'accès des bateaux vers l'amont, valorisaient alors une fonction de carrefour terrestre qui ajoutait au rayonnement des villes portuaires.

Enfin, du fait de la sédimentation qui affecte les estuaires, les terrains disponibles pour l'établissement des ports étaient nombreux et, dans l'ensemble, peu prisés. On peut prendre l'exemple de Nantes : des berges en pente douce vers le fleuve, une « fosse » (c'est-à-dire un endroit naturellement creux) d'accueil pour les navires : autant d'avantages naturels qui expliquent la fortune de la ville aux XVIIe et XVIIIe siècles. Il a suffi de gérer ces avantages, d'élever des quais, à mesure que le progrès technique a exigé pour les navires des tirants d'eau plus importants, et d'occuper ces berges en implantant des entrepôts. Ailleurs, vers l'aval, les prairies inondables sont vastes : elles constituent autant d'espaces que les ports vont convoiter dans le vaste mouvement qui pousse, à partir du XIXe siècle, les organismes portuaires vers la mer. On a pu, de la sorte, proposer un modèle de l'évolution des installations portuaires dans les estuaires *(fig. 31)*.

Les contraintes

Toutefois, la médaille a son revers : on sait déjà les contraintes qu'exerce la marée sur le mouvement des bateaux. On ajoutera ce que les courants entraînent, ces mouvements de sable et de vase qui font que le lit du fleuve est mobile, qu'il divague entre les rives. Autant de difficultés pour les ingénieurs qui cherchent au contraire à stabiliser le lit, à le « chenaliser ». Autant de contraintes qui pèsent sur le coût des trafics portuaires. La nature impose donc au développement portuaire certaines limites.

Les équipements portuaires

La diversité des équipements dans les ports est la règle. Les bassins d'abord, bassins à flot et bassins éclusés, nécessaires en cas de marée, bassins de radoub pour l'entretien à sec des navires. Les quais ensuite, d'autant plus hauts et d'autant plus coûteux que le marnage est important. Les grues enfin,

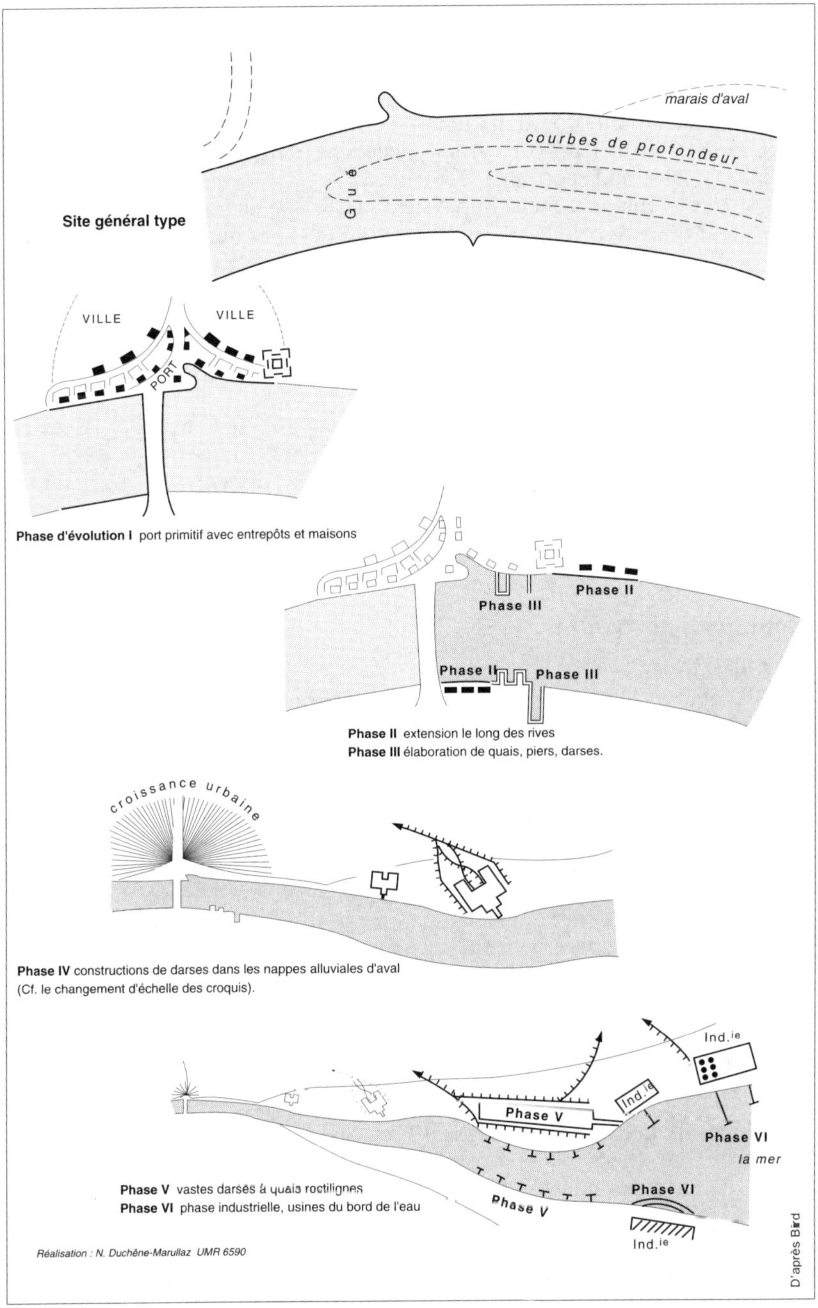

Fig. 31 – **L'évolution théorique des ports anglais**

au bord des quais, grues aux formes diverses qui puisent les ballots dans les cales, extraient avec des quantités toujours plus grandes et à des vitesses toujours plus impressionnantes les tonnages de vracs pondéreux (charbon, farines diverses, blé et soja). À côté des grues, les bandes transporteuses accélèrent l'évacuation des produits lourds et encombrants vers les aires de stockage situées en arrière. Aux grues succèdent, en d'autres lieux désormais spécialisés, les grands portiques à conteneurs.

Des terre-pleins marquent le paysage en arrière des quais, suffisamment vastes pour que s'y ordonnent les divers entrepôts où l'on stocke la marchandise : espaces dévolus ici ou là aux automobiles exportées ou importées, espaces de plus en plus consacrés à l'entreposage des multiples containers que l'évolution des techniques impose. Le port étale son emprise à l'abri des regards, souvent dans un espace clos de grilles : ce qui s'y passe regarde d'abord des professionnels et ne saurait s'offrir aux badauds, rarement les bienvenus.

Aux équipements portuaires se juxtaposent d'autres structures liées au transport : des péniches accostées aux navires de mer ou dissociées, en amont, afin d'être prêtes à partir vers l'intérieur des terres ; des convois ferroviaires : les rails trament dans l'espace la complémentarité des moyens de transport ; des longues files de camions et des tracteurs qui viennent aujourd'hui chercher les plates-formes qu'impose la conteneurisation.

Les fonctions portuaires

Les fonctions liées aux navires

Les fonctions liées aux besoins du navire sont nombreuses. Elles commencent au large, lorsque le navire signale son arrivée par télécommunication. La capitainerie (poste de commande qui domine souvent l'entrée des ports) lui donne alors des indications sur sa destination (bassin, quai). Une vedette emmène alors le pilote qui prend en charge le navire pour l'amener dans le port : lui seul assume cette responsabilité, car la sécurité du navire et de l'environnement sont à ce prix. Les compagnies d'assurances l'exigent. Un remorqueur s'aligne au navire et le guide bientôt vers le quai. L'accostage commence, qui voit les lamaneurs amarrer le navire. Les fonctions d'armement et d'entretien concernent aussi le navire. Armer un bateau, c'est lui fournir tout ce qui lui est nécessaire pour naviguer : l'équipage, l'avitaillement, l'eau, les divers équipements, jusqu'à l'électronique de bord, qui a pris des proportions de plus en plus importantes, allant jusqu'à réduire progressivement le nombre des hommes embarqués. Les sociétés d'armement sont donc légitimement liées aux ports.

Les fonctions liées à la marchandise

Les fonctions liées à la marchandise sont de plusieurs types : fonctions de transit, de desserte industrielle, de transport de voyageurs, de grand négoce maritime. Elles peuvent être regroupées en totalité dans les plus grands ports, mais on conçoit aussi qu'elles accompagnent la spécialisation des ports dans certains types de trafic.

Les deux premières sont des fonctions de dépendance continentale. La fonction de transit est la plus remarquable par ses implications en matière de transport terrestre (ci-dessous). Lorsque le transit est international, il présente un avantage pour le port (et l'État où il se trouve) dans le fait que, par les services payés, c'est un pays et des sociétés étrangères qui contribuent à financer les investissements dans le port. Les deux autres sont des fonctions de dépendance océanique, en ce sens que le moteur des mouvements vient de l'océan lui-même (ou plutôt de ce qu'il y a au-delà), sinon du port, qui a tout intérêt à animer lui-même ses trafics. La fonction de bourse et de marché, qui intéresse les plus grands ports et qui les enrichit, porte sur les blés, la laine, le coton, le café. Cette fonction tend cependant à se fondre dans la mondialisation de l'économie qui parfois réduit le port à un simple outil que l'on veut performant. La fonction de bourse s'est en quelque sorte « délocalisée » vers les grandes métropoles financières mondiales.

Porte-conteneurs à quai dans le port de Hambourg

© A. Miossec

La puissance et la dynamique portuaires

La puissance portuaire

De toutes les activités qui touchent les littoraux et les mers, les activités des ports maritimes sont les plus puissantes. Aucune autre ne concentre, en des espaces limités, autant de capitaux, qu'ils soient immobilisés (les infrastructures portuaires) ou qu'ils soient mobiles (les navires). Aucune autre n'est aussi vitale par les trafics engendrés ; aucune autre n'est aussi dange-

Les seize premiers ports du monde de marchandises en 1996

N°	Port	Pays	Tonnage en Mt
1	Singapour	Singapour	305,4
2	Rotterdam	Pays-Bas	290,6
3	Chiba	Japon	176,2
4	Shanghai	Chine	166,0
5	Nagoya	Japon	142,6
6	Yokohama	Japon	131,5
7	Hong Kong	Hong Kong	127,2
8	Kwangyang	Rép. de Corée	108,0
9	Anvers	Belgique	106,0
10	Inchon	Rép. de Corée	105,8
11	Kawasaki	Japon	100,7
12	Kitakyushu	Japon	97,1
13	Pusan	Rép. de Corée	93,4
14	Kobé	Japon	91,7
15	Osaka	Japon	91,1
16	Marseille	France	90,7

Source : Images économiques du monde, SEDES, 1998

reuse par la variété des produits transportés (quand un méthanier entre en Loire, tout mouvement de bateau est stoppé dans l'estuaire) et par l'importance des pollutions qu'elle peut entraîner. Aucune autre n'a une telle capacité d'organisation de l'espace très au-delà de la ligne de rivage.

Cette puissance est symbolisée par quelques grands ports, par quelques façades portuaires, par des armements aux investissements colossaux et dont les visions sont plus internationales que nationales. Cette puissance est aussi caractérisée par la course permanente au modernisme technologique, une course qui nécessite que soit mobilisée une masse toujours plus importante de capitaux. En un mot, hors d'un dynamisme permanent, il n'est point de salut pour les ports maritimes. Et les pays qui n'ont pas de politique maritime sont voués à demeurer dans l'ombre des plus grands.

La dynamique portuaire

L'adaptation technologique permanente

Cette puissance s'exprime dans la capacité d'adaptation technologique. Elle touche tous les équipements : navires, bien entendu, mais aussi grues et portiques.

Le gigantisme des navires

La véritable « révolution des transports maritimes » qui s'est produite il y a trois décennies en est l'expression. Cette profonde mutation s'est appuyée sur le gigantisme des navires d'abord, sur leur spécialisation ensuite. Pétroliers et minéraliers, porte-conteneurs symbolisent cette mutation.

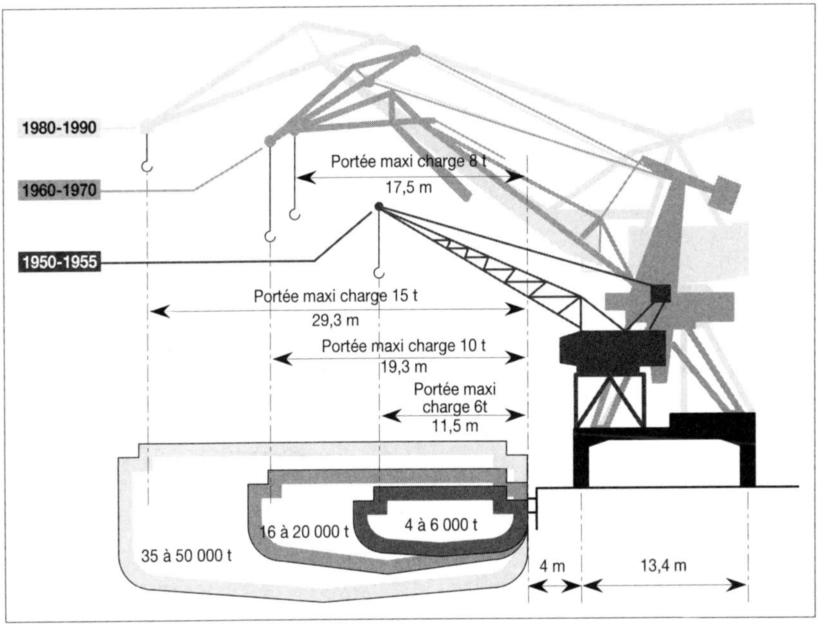

Fig. 32 – **L'évolution des grues du port de Bordeaux de 1950 à 1990**

Les pétroliers géants

L'origine de la construction des pétroliers géants est à rechercher dans une logique économique, d'une part, et dans l'histoire politique, d'autre part. Jusqu'en 1956, les pétroliers passent le canal de Suez et laissent des bénéfices confortables à la société qui gère le canal : sa nationalisation par le colonel Nasser en juillet 1956 provoque un conflit entre Israël et les pays arabes, avec participation de contingents franco-britanniques. En dépit de sa défaite militaire, l'Égypte a gardé le contrôle du canal et posé un grave problème économique à tous ceux qui faisaient transiter des marchandises par cette voie, d'autant que la guerre n'avait globalement rien réglé. La question se trouvait donc posée d'allonger les routes maritimes entre le golfe arabo-persique, principal fournisseur de pétrole, et les pays développés, consommateurs. Elle le fut d'autant plus après juin 1967 lorsque le canal fut fermé à la suite de la guerre des Six Jours. La réponse économique à cet allongement ne pouvait être que dans une augmentation de la capacité de charge qui abaisserait le coût à la tonne transportée. Le pétrolier de 1945 a une capacité de port en lourd de 16000 tonnes, en 1960, on passe à 100000 tonnes, en 1965 à 210000 tonnes, en 1971 à 372000 tonnes; les chantiers européens, Saint-Nazaire en tête, vont lancer des pétroliers calant 550000 tonnes en 1976. On concoit les économies d'échelle réalisées. Ces trop gros pétroliers ne sont plus guère utilisés aujourd'hui.

Les conséquences spatiales

Ces mutations technologiques ont eu des conséquences spatiales considérables, à l'origine des grandes zones industrialo-portuaires. Le port de Rotterdam glisse alors vers son embouchure, et cela vaut désormais pour la majorité des grands ports (Londres, Hambourg). Les marais maritimes d'estuaire, les vasières sont remblayés, les quais montés, les terre-pleins équipés de postes nouveaux. Les raffineries de pétrole, pour nombreuses qu'elles soient dans les zones portuaires, ne sont pourtant pas les principales bénéficiaires car on peut évacuer rapidement le brut par conduites vers des raffineries à l'intérieur du continent. C'est la sidérurgie qui se développe alors, avec l'importation, en grosse quantité, des charbons les moins chers et de minerais de fer à forte teneur. Le transport se mondialise, et le pays qui pousse le plus dans cette direction est le Japon. Ce pays lance de vastes opérations de remblaiement, on gagne des terres sur la mer et de nouvelles usines occupent les atterrissements. Les grandes firmes intègrent le territoire portuaire, de la production de l'acier à la fourniture des tôles pour les chantiers navals. Bientôt suivent les usines automobiles, dont la majeure partie de la production sera exportée. C'est la logique de la conquête des marchés, mais une telle révolution ne sera pas sans conséquences sur l'environnement.

La conteneurisation

La dernière en date des grandes mutations a porté sur la conteneurisation. Les conteneurs sont des boîtes de 20 à 40 pieds de longueur, qui peuvent contenir jusqu'à 30 tonnes de marchandises. L'avantage est immense puisque l'on peut grouper aisément ces marchandises en fonction des contrats de vente. Le port prestataire de services construit alors des plates-formes à conteneurs et assure la logistique : rapidité de chargement/déchargement à partir des portiques, rangement aisé (mais il faut de la place pour manœuvrer), prise en charge par le chemin de fer et surtout par les camions qui évacuent les conteneurs le plus rapidement possible. Au départ des États-Unis s'organisent alors de nouvelles lignes : les navires font escale au Havre pour quelques centaines de boîtes et continuent leur route vers Anvers, Rotterdam ou Hambourg, chargeant et déchargeant à chaque escale des marchandises groupées selon la destination (une ville) ou le destinataire (des usines). Ainsi se précise, à travers le multimodalisme des chaînes de transport, la capacité des ports à organiser l'espace. La lutte est vive entre les ports. Certains, étant à l'écart des grandes voies transocéaniques (par exemple, Bordeaux), cherchent leur salut en se plaçant à la croisée de certaines routes.

Un exemple de concurrence entre deux ports

En 1982, l'armement US Lines (États-Unis) cherche en Europe un port d'escale capable de lui assurer le service suivant : 24 heures entre la prise en rade et le retour en rade pour un porte-conteneur dont on pourra charger et décharger 1 000 boîtes. Il faut donc, compte tenu des délais imposés, un portique capable de traiter 60 conteneurs à l'heure. Le port de Rotterdam fait construire un portique dont le fonctionnement abaisse la durée de gestion du conteneur de 5 secondes. Coût du portique : 40 millions de francs. À ce prix, Rotterdam l'emporte sur Le Havre.

Trafic conteneurisé des principaux ports mondiaux

Unité : EVP* × 1 000	1983	1995
Principaux ports d'Asie	**10 155**	**43 596**
Hong Kong	1 837	12 563
Singapour	1 340	11 850
Kaoshiung	1 479	5 053
Pusan	884	4 500
Yokohama	925	2 703
Tokyo	819	1 844
Kobe	1 623	1 455
Bangkok	305	1 463
Keelung	943	2 165
Principaux ports d'Europe	**5 695**	**11 991**
Rotterdam	2 314	4 789
Anvers	1 026	2 329
Felixstowe	671	1 923
Brème	820	1 530
Le Havre + Marseille	864	1 420
Principaux ports américains	**6 402**	**12 335**
Autres pays	12 368	nd
Total sauf autres pays	**22 252**	**67 922**

Source : *Journal de la marine marchande*, 18/10/1996

* « Équivalent Vingt Pieds »

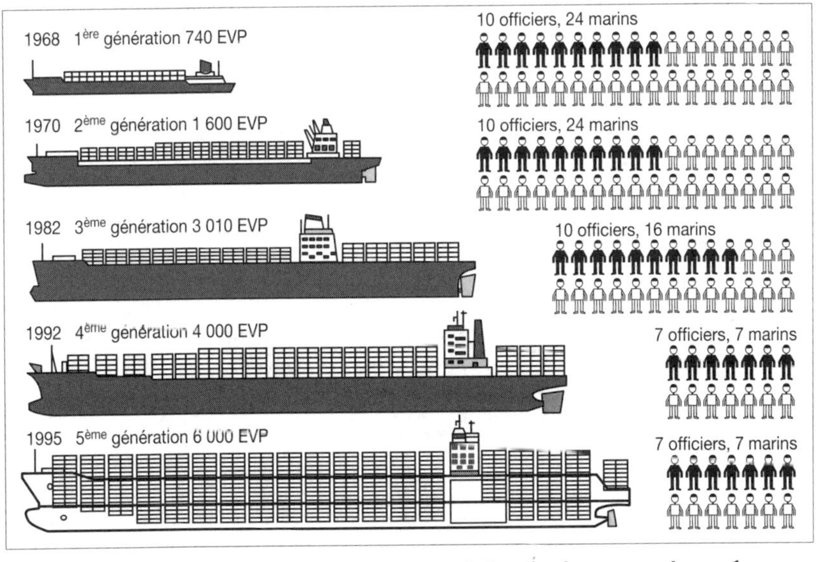

Fig. 33 – **Taille des porte-conteneurs et des équipages embarqués**

Cette compétition se marque enfin dans la recherche des volumes transportés les plus considérables : entre 1968, date d'apparition des premiers porte-conteneurs, et aujourd'hui, on est passé de 740 EVP (équivalent vingt pieds) à 6000. La taille des équipages embarqués a fondu : une crise sociale peut ainsi naître d'un progrès technologique.

L'organisation de l'espace par les ports

Simples points le long de la ligne de côte, ils tissent une véritable toile qui marque aussi bien le continent que l'espace océanique. Cette toile constitue ce que l'on appelle le triptyque portuaire. Le port est ainsi au centre d'un dispositif que l'on peut représenter par un schéma.

L'arrière-pays

L'arrière-pays continental (on parle encore d'hinterland) d'un port est l'espace dans lequel le port vend ses services et recrute sa clientèle ; il s'agit donc d'une notion marchande. Son intérêt géographique est évident : l'outil portuaire doit être relié à son arrière-pays de la manière la plus efficace possible. Il appuie donc sa stratégie commerciale sur les moyens de communication, la route, le rail et la batellerie et, de plus en plus, sur les moyens modernes de télécommunications qui font circuler des informations nécessaires à la compétitivité du port. L'arrière-pays est donc constitué d'une multitude de points avec lesquels le port trafique. À Marseille, par exemple, les entreprises achètent de la matière première qui transite par le port (elles paient ce service), elles expédient des produits finis au-delà des mers, encore par le port (elles paient de nouveau ce service).

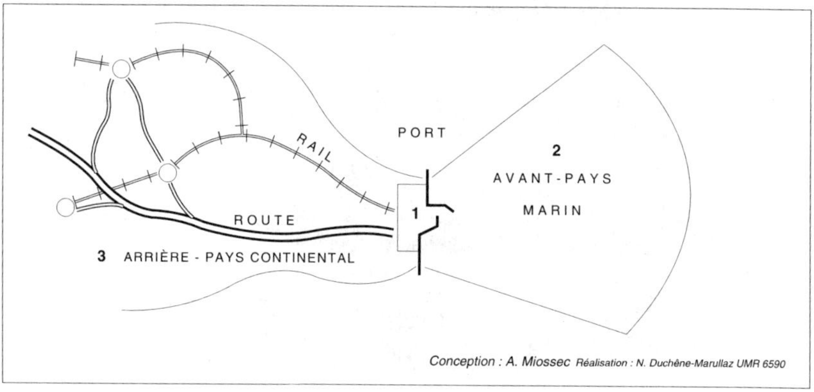

Fig. 34 – **Le triptyque portuaire**

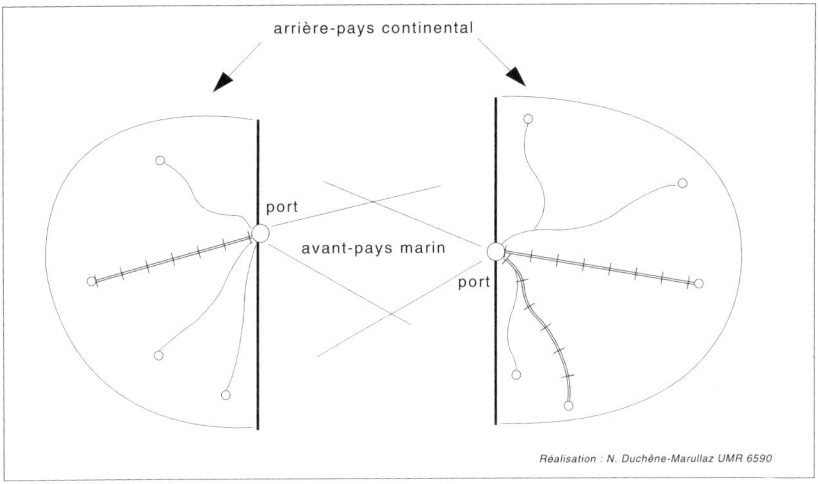

Fig. 35 – **L'élargissement du concept de triptyque portuaire**

Le territoire portuaire

Un port n'est jamais en situation de monopole sur les trafics : il est en réalité en concurrence avec d'autres ports dont toute la stratégie commerciale consiste à attirer les marchandises en grande quantité, l'ampleur des marchandises traitées jouant alors sur les tarifs appliqués. Chaque port a ainsi un espace qu'il cherche à contrôler et des marges où il se trouve en concurrence avec d'autres ports situés sur la même façade océanique. Le Havre vient chercher de la marchandise dans une zone proche de Nantes, et les trafics de la région parisienne sont plus souvent captés par Anvers et Rotterdam que par Le Havre. Chaque port joue donc sur deux tableaux : l'efficacité de la manutention dans le port (rapidité, sécurité, prix compétitifs) mais aussi sa capacité à tisser un réseau de relations étendu. C'est cette dernière qui marque le territoire portuaire ; chaque port a donc sa propre stratégie : Rotterdam s'appuie particulièrement sur la batellerie, Anvers a fondé son rayonnement sur les transports ferroviaires. À ce niveau, les autorités portuaires doivent convaincre les investisseurs, et singulièrement l'État, lorsqu'il s'agit de construire les grandes infrastructures. La route des estuaires qui se met en place progressivement en France, pour joindre un jour Dunkerque à Bordeaux, entre dans une stratégie de développement régional qui n'est pas indifférente aux autorités des ports français. Et l'éventualité d'une liaison canalisée entre Rhône et Rhin modifiera sans doute les rapports entre Marseille et les grands ports de l'Europe du Nord.

L'avant-pays

Cependant, si la marchandise afflue dans le port, c'est pour y être chargée à destination d'autres ports, au-delà des mers. Chaque port tisse ainsi un autre réseau de relations qui n'est visible que sur les cartes : les lignes commerciales qui relient les ports entre eux, ces lignes régulières que symbolisèrent un temps les paquebots reliant le Vieux Continent au Nouveau Monde. Mais aujourd'hui, cette fonction de transport des voyageurs n'a de puissance que sur des distances relativement courtes (Corse/continent; Marseille-Tunis ou Alger...). Les lignes régulières sont celles des liaisons bien assises entre deux ports, et les concurrences à cette échelle ne manquent pas. S'arrêter à ce schéma serait cependant masquer une partie de la réalité : en fait, le système doit être élargi à l'arrière-pays des ports qui sont destinataires ou fournisseurs de marchandises. Les mêmes caractères valent alors, et le schéma devient plus complexe.

SYNTHÈSE

Les ports apparaissent comme de très puissants instruments d'organisation de l'espace. Ils sont à la charnière de l'océan (de l'étranger) et du continent : la mentalité, la culture qui s'y enracinent doivent à ces deux sources. Ils mobilisent hommes et capitaux et ne dominent le commerce international que par une adaptation permanente et coûteuse de l'outil portuaire. L'emprise spatiale des ports s'accroît, la diversité, la spécialisation des navires, leur capacité de charge l'exigent : les paysages portuaires en sont le reflet changeant.

Pour en savoir plus

A. VIGARIÉ, *Ports de commerce et vie littorale,* Hachette Université, 1979	Une somme, par le meilleur spécialiste français des ports et de la navigation maritime. Nombreux plans de ports, croquis et schémas. À actualiser par les statistiques proposées par les *Images économiques du monde,* SEDES.
J. MARCADON, *L'Avant-Pays des ports français,* Masson, 1988	Élargissement de la notion d'avant-pays océanique à partir des ports français. Méthodologique.

7

LE TOURISME LITTORAL

Dernière venue des activités littorales, la fonction touristique dispose de nombreux atouts. Quelle est la part de la nature dans l'attractivité ? Quel fut le rôle des personnalités qui fondèrent les stations balnéaires ? Comment la révolution économique, depuis le XIXe siècle, a-t-elle contribué au développement des littoraux ? Il en est résulté des formes diverses d'occupation de l'espace, du développement spontané à la planification raisonnée. La montée des préoccupations environnementales remet-elle en cause le modèle ?

Les facteurs du développement touristique (page 92)

Certains facteurs relèvent de l'attrait de la nature et des paysages, les autres du développement social, de la culture des élites urbaines (au XIXe siècle) et de l'élévation massive du niveau de vie (au XXe siècle). La révolution technologique contribue au développement touristique à travers les moyens de transport. L'État et les collectivités locales y trouvent leur profit : le secteur économique du tourisme est porteur d'emplois et de richesse.

Les formes spatiales du développement touristique (page 98)

Elles sont à la fois variées (du fait du cadre physique) et stéréotypées (du fait que le modèle d'inspiration méditerranéenne prévaut). La station balnéaire naît, avec son front de mer, ses villas, son casino, sa digue-promenade, son port de plaisance et ses campings, rejetés en périphérie. Ce modèle est aujourd'hui remis en question par les problèmes de gestion de l'environnement qu'il a entraînés.

Les facteurs du développement touristique

L'attrait de la nature

Un slogan peut résumer cet attrait : la mer, le sable, le soleil. On y voit déjà poindre le trait géographique le plus constant : la concentration des hommes en bord de mer. Les stations balnéaires savent jouer de cet « effet nature » et les slogans publicitaires des stations balnéaires sur la France atlantique le montrent clairement.

Quelques slogans

Biscarosse (Landes) : la côte nature
Saint-Hilaire-de-Riez (Vendée) : cap au bleu
Notre-Dame-de-Monts (Vendée) : vivre la mer
Andernos-les-Bains (Gironde) : l'espace nature
La Baule (Loire- Atlantique) : d'iode et de sensations
Hossegor (Landes) : la plus nature des stations
Sanguinet (Landes) : des loisirs naturels
Erdeven (Morbihan) : la nature à l'état pur
Étel (Morbihan) : naturellement
Belle-Île-en-Mer (Morbihan) : la nature à pleine mer
Locquirec-Guimaec (Finistère) : l'air du large

Les paysages, la mer, le soleil, la plage

Les régions côtières attirent d'abord par l'originalité de leur paysage, où la nature occupe la place principale, même si cette nature a beaucoup changé depuis les origines et si le développement touristique l'a considérablement transformée en quelques décennies. Ce paysage est d'abord celui de la mer, qui fascine par ses couleurs parce qu'elles contrastent avec les teintes du continent, celui du liseré des plages sableuses ensuite, qui forment une limite avec l'intérieur des terres. Mais ce sont aussi des plages qui attirent de nombreux touristes, des dunes et les forêts qui les fixent comme dans toutes les stations landaises, des promontoires, des caps, la découpure des côtes rocheuses, expression d'une nature qui reste encore « sauvage », des marais où cohabitent les étiers qui serpentent et les diguettes des marais salants.

C'est bien dans la nature qu'il faut chercher l'essor du tourisme balnéaire, dans les vertus qu'une société de plus en plus urbaine lui accorde : paysages, qualité de l'air, eau et soleil. On a là quelques exemples d'une typologie des régions touristiques qui, toutes, ne peuvent offrir les mêmes avantages. Si l'on privilégie les conditions climatiques, l'omniprésence du soleil, la chaleur estivale, on comprend la vertu des côtes méditerranéennes, des longs cordons des lidos languedociens ou du Levant espagnol. Il en va de même des côtes de la Floride ou de la Californie et, toujours plus loin en direction des tropiques, des îles comme Maurice ou les Maldives, ces dernières ajoutant aux qualités précédentes des eaux transparentes où croissent les coraux.

Il n'en fut pas toujours ainsi car les « rivieras », ces très célèbres liserés touristiques de la rive nord de la Méditerranée, ont fondé leur attractivité sur la douceur des hivers. Adossées à des montagnes qui les protègent des vents du nord, elles jouissent ainsi d'un climat particulièrement agréable. On ne doit pas systématiquement lier chaleur des étés et attraction touristique. Aujourd'hui encore, la saison compte : les plages tropicales attirent Européens et Américains quand l'hiver rigoureux du continent voit les stations locales sombrer dans la léthargie. Les New-Yorkais sont plus nombreux en Floride en janvier qu'en juillet. On conçoit ainsi que certaines régions sont plus favorisées que d'autres.

Trop de succès, bientôt les problèmes

À travers la nature, l'attrait du littoral est presque sans limites. Cela permet de mieux comprendre pourquoi l'extension touristique s'est faite de façon linéaire et envahissante. En effet, lorsqu'un site a fait le plein de touristes, ce qui l'a rendu attirant finit par lasser la clientèle, mobile par définition. Libre d'attaches et de temps, elle migre en d'autres lieux et reproduit à l'infini les mêmes modes de développement. Rien n'échappe alors au tourisme, ni les côtes à falaise, où la situation en belvédère est recherchée par l'habitat ou utilisée par les randonneurs, ni les marais maritimes, où les « marinas » qui combinent activités nautiques et résidences secondaires se sont multipliées.

D'autres facteurs sont à prendre en compte : la mode, la stratégie des stations balnéaires, l'ambition de mise en valeur des régions qui s'appuient sur leur littoral, le rôle des agences de voyage qui « vendent » le produit touristique et déplacent ainsi sur le marché des masses de clients potentiels. À feuilleter les catalogues des agences, on relèvera cependant que les images de la nature littorale occupent une place importante à côté d'éléments patrimoniaux ou historiques.

Le développement des moyens de transport

Le tourisme a beaucoup profité du développement des moyens de transport. Le rail a d'abord joué le plus grand rôle, la route a ensuite pris le relais, concurrencée aujourd'hui par l'avion. L'essor touristique est le produit de la révolution technologique. Les moyens de transport ont eu un double rôle : ils ont amené les touristes; ils ont contribué à structurer le paysage balnéaire à des échelles diverses.

Le rail

L'arrivée du chemin de fer fut souvent l'événement majeur qui fit de petites localités, à l'écart des flux de transport, des stations balnéaires florissantes. À La Baule, par exemple, le chemin de fer arrive en 1879, à Arcachon en 1857. À Nice, en 1864, lorsque arrive le rail, la ville compte environ 2 000 familles, pour la plupart étrangères, qui passent l'hiver sur la riviera; elles seront près de 150 000 à la veille de la Première Guerre mondiale.

La route

La route prend le relais dès cette période, mais elle ne joue un rôle essentiel qu'à partir de la Seconde Guerre mondiale, en Europe en particulier, à mesure que s'élève le niveau de vie et que les classes moyennes accèdent de plus en

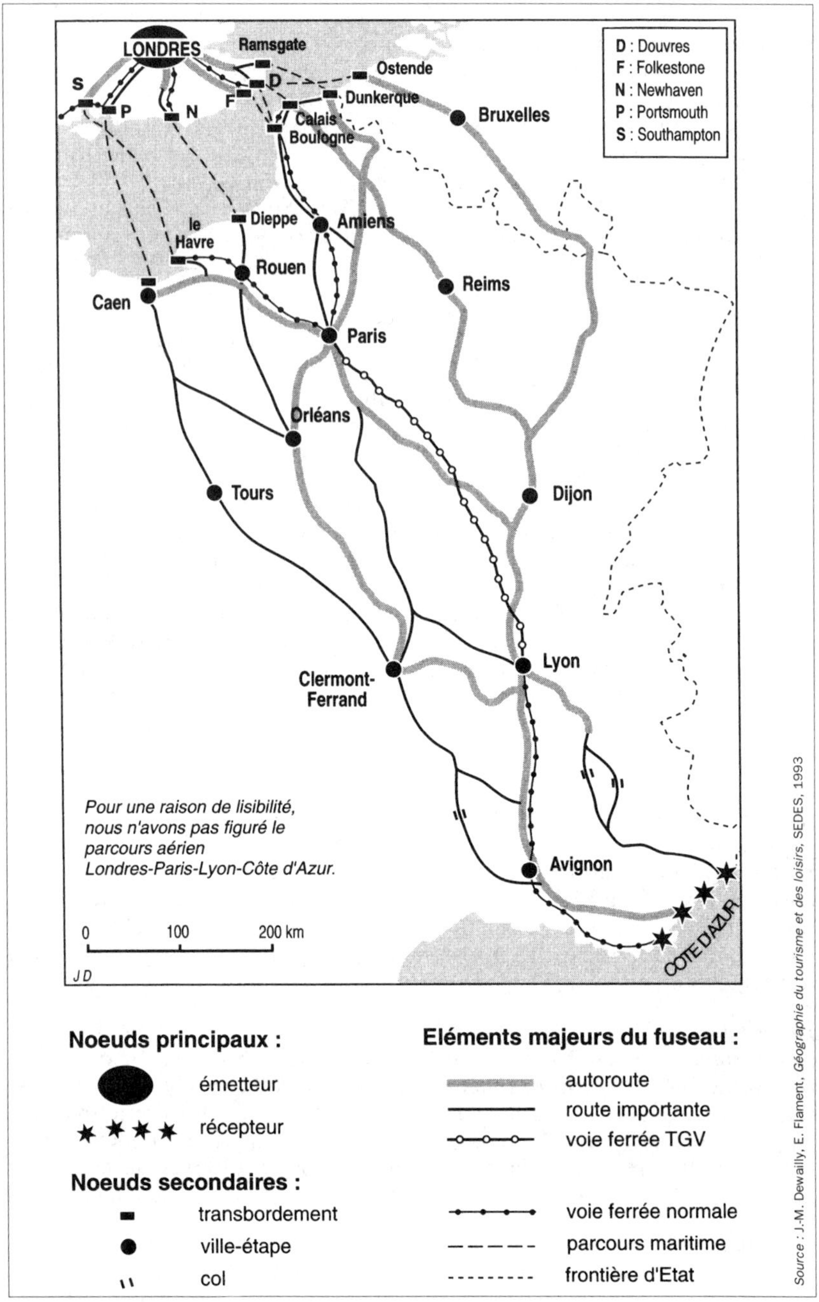

Fig. 36 – **Le faisceau Londres-Côte d'Azur**

plus nombreuses à la propriété sur le littoral. La route a d'abord contribué à l'acheminement des touristes : le cas est particulièrement net sur la Costa Brava, en Espagne, où s'est développé un tourisme de masse.

Jusqu'au début des années cinquante, les villages de la côte vivent de la pêche et de l'exploitation du chêne-liège ; la grande route passe à l'ouest entre Gérone et Barcelone. L'explosion touristique qui voit se développer les petites stations balnéaires est le produit de la densification du réseau routier qui innerve le littoral et permet le désenclavement de la côte. Outre qu'elle contribue à l'acheminement des touristes, la route structure à sa manière l'espace proche : routes en corniche qui permettent de profiter du panorama, remblais des stations bientôt construits et surtout éparpillement des maisons dans l'espace en arrière du trait de côte. La croissance de l'espace balnéaire lui est largement imputable.

Bien entendu, la combinaison des moyens de transport terrestre renforce l'attractivité des régions littorales. Dans la tradition qui fit naître la promenade des Anglais à Nice, on peut voir à travers ce faisceau Londres-Côte d'Azur comment route et rail peuvent véhiculer une clientèle nombreuse *(fig. 36).*

L'avion

L'avion a considérablement élargi l'espace touristique ; les pays de soleil en ont largement profité. Ce sont des compagnies de charters qui ont envoyé massivement les touristes au-delà des mers, à partir des États-Unis ou de l'Europe, grands foyers émetteurs. La Tunisie peut être citée en exemple, car elle doit l'essentiel de sa clientèle au développement aérien. Tunis, Sousse, Monastir et Djerba ont connu un grand essor à partir des années 70, pour deux raisons. D'une part, le gouvernement tunisien a favorisé l'implantation de stations balnéaires dans le but de faire rentrer les devises nécessaires à son développement. D'autre part, les tours opérateurs ont privilégié cette destination, attractive sur bien des points (longues plages sablonneuses, mer chaude, soleil, calme politique du pays), pour attirer la clientèle de l'Europe du Nord. Les grands complexes touristiques des « Sahels d'Or » sont à quelques minutes des aéroports, et une combinaison vol charter-autocar-voiture de location est à l'origine de l'extension spatiale. L'avion structure ainsi une aire de recrutement de la clientèle *(fig. 37).*

Un succès social

L'essor socio-économique et les mutations qui l'accompagnent sont aussi facteurs de développement. L'apparition d'un tourisme de masse sur les littoraux est due à l'élévation du niveau de vie et à l'apparition des congés payés. Après la Seconde Guerre mondiale, le temps des loisirs devient un temps fort de la vie estivale. La part du budget qui lui est consacrée augmente vite, l'automobile donne de la liberté, celle de louer à la mer puis de bâtir. L'essor rapide du tissu urbanisé en est la conséquence. Mais il aura auparavant fallu une mode, l'hygiénisme, pour que le littoral devienne un lieu nécessaire au bien-être.

L'hygiénisme

Dès la fin du XVIIIe siècle, un courant favorable amène à la côte quelques privilégiés ; ce courant s'inscrit dans ce qu'on peut appeler l'hygiénisme, qui

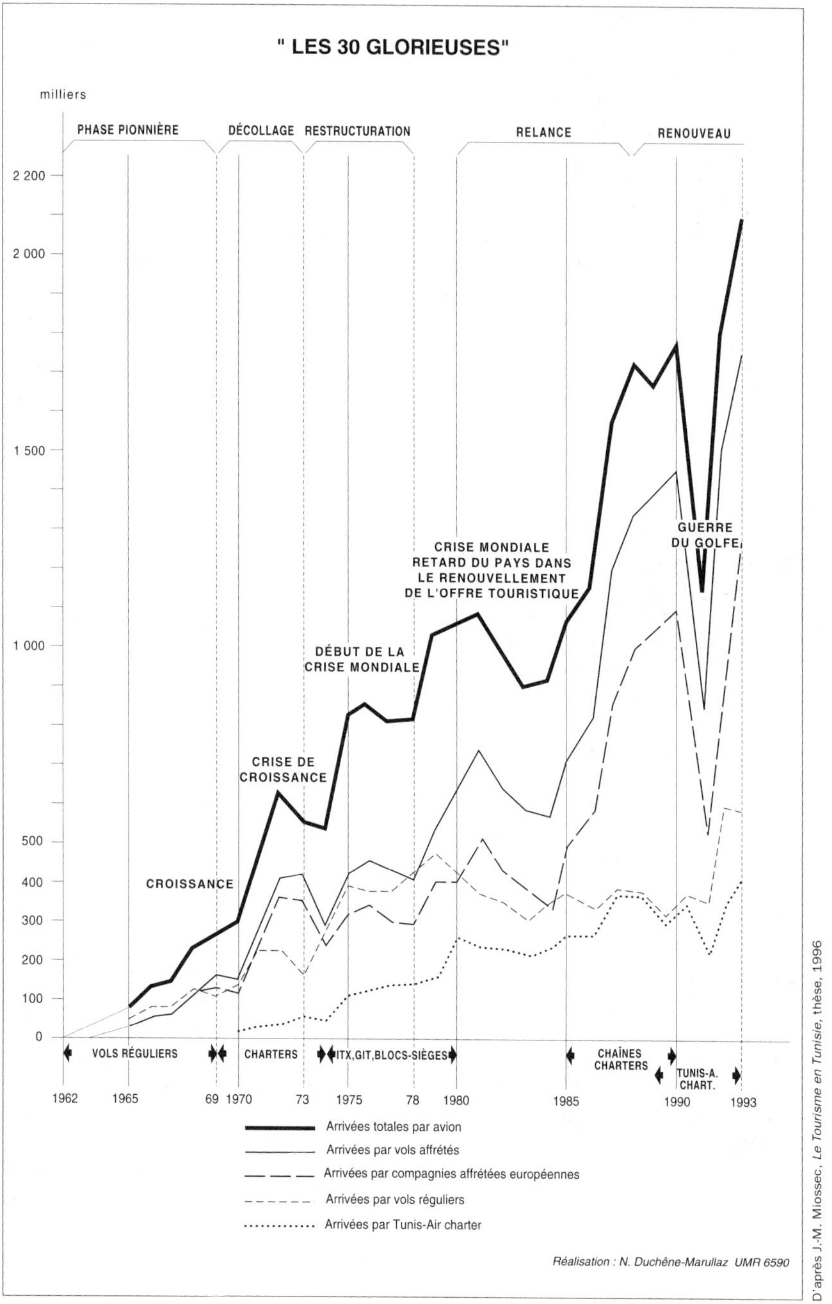

Fig. 37 – **Les touristes européens et les transports aériens en Tunisie**

relève tout autant de la culture que de la thérapeutique. C'est au sein des classes privilégiées que se développe ce courant. Elles demandent à la mer de leur apporter l'énergie et la santé dont elles pensent être privées en vivant en ville. On tend ainsi à surévaluer la qualité de l'environnement littoral, et deux atouts sont exaltés par les médecins : la vivacité de l'air et les vertus des bains froids.

Un médecin de La Haye vante les vertus du climat d'Arcachon

« C'est surtout l'automne, l'hiver et les premiers jours du printemps que le malade sent le mieux la valeur de l'air. Les milliers de pins de la forêt étant constamment gemmés, l'atmosphère y est aussi aromatique que les chambres de vapeur de résine où se placent les malades ; seulement, la proportion est beaucoup plus considérable et l'effet du parfum est tempéré par l'air et les émanations du bassin. Je trouvais en décembre quelques malades de poitrine qui, s'étant installés au milieu des bois, s'en trouvaient fort bien. »

In M. Cassou-Mounat, *La Vie humaine sur le littoral des Landes de Gascogne,* Champion, 1977

Les bains dans l'eau froide vont encore rapprocher le malade et sa famille de la plage : il s'agit de revigorer le corps, et les médecins prescrivent alors un recours méthodique, sous la forme de véritables ordonnances, à ces bains qui doivent guérir à la fois par la température et par l'immersion dans de l'eau salée.

Dans cet esprit, le XIXe siècle voit naître, en Europe, beaucoup de stations balnéaires. La vogue contemporaine des thalassothérapies s'inscrit dans ce courant : elle s'adresse aux gens bien portants mais stressés par la vie dans les grandes agglomérations ; elle propose des programmes de mise en forme en faisant appel aux produits de la mer : le fait d'enduire le corps de vase, de se baigner dans les algues, de les consommer va dans ce sens. Comme le produit est socialement typé, les mêmes personnes se retrouvent à Dinard, Quiberon ou Biarritz. Elles reproduisent les conditions sociales du développement de la station balnéaire.

Les effets de mode

On mesure ce que la mode peut entraîner : Biarritz, La Baule, Arcachon sont d'abord des stations mondaines, nées de l'initiative de quelques personnalités fortes, qui pensent le développement en fonction de la clientèle qu'elles fréquentent dans les grandes métropoles. Les cercles de jeu parisiens se retrouvent dans les casinos de la côte, qui longtemps ne vivent qu'à la belle saison. Les hippodromes suivent, et plus tard les golfs. L'effet d'entraînement est certain, effet de masse comme le montre, par exemple, le front de mer d'Atlantic City dans le New Jersey, équivalent sur mer de Las Vegas : la promenade au-dessus de la plage est bordée d'une vingtaine de casinos où les « bandits-manchots » font place à quelques tables de chemin de fer ou à la roulette. En se massifiant, le jeu s'est fait moins subtil, moins discret également.

L'effet de mode reste l'un des grands moteurs : il passe par la *jet set* qui fait d'Ibiza un paradis pour milliardaires ; il passe aussi par tous les magazines qui, sur papier glacé, tentent le lecteur. Et la mode s'appuie sur le paysage, sur les couleurs, sur les particularités du littoral. Aux agences de voyage de prospecter la clientèle et d'organiser à sa manière, purement financière, l'espace touristique.

Le rôle de l'État et des collectivités locales

Il s'agit là encore d'un facteur essentiel du développement touristique littoral. La pratique française est exemplaire de ce point de vue.

L'État n'est intervenu qu'assez tardivement, dans les années soixante, et sans qu'il ait alors totalement conscience de la nécessité d'une gestion intégrée des zones côtières : en lançant la mission d'aménagement du Languedoc-Roussillon, il investit le territoire du vide et ses objectifs sont plus nationaux et internationaux que locaux. L'initiative relève aussi de l'ambition économique : fixer à cet endroit une clientèle potentielle qui, jusque-là, file directement de l'Europe du Nord vers les côtes espagnoles.

Le rôle des collectivités locales s'exprime à une autre échelle. Il s'agit pour les communes littorales de profiter de la manne financière que représente le tourisme. La politique communale est le plus souvent d'une implacable logique : au déclin des fonctions traditionnelles dans l'espace a correspondu une montée de nouvelles catégories socioprofessionnelles. Les agriculteurs cèdent progressivement leurs terres, parcelle après parcelle, aux promoteurs immobiliers. Les schémas d'organisation de l'espace qui naissent dans les années soixante, contrôlés en partie par les conseils municipaux, reflètent un rapport de force qui voit agents immobiliers, notaires, commerçants et artisans se grouper autour de quelques notables restés en place à la tête des mairies. L'essor touristique est en marche, ponctué de lotissements qui garantissent le maintien des emplois autour de produits souvent stéréotypés à mesure qu'on les disperse le long des côtes (marinas et ports de plaisance, golfs...). Ces politiques (au sens de gestion de la cité, bien entendu) ont entraîné pour l'espace des effets considérables.

Les formes spatiales du développement touristique

La naissance de la station balnéaire

Les stations balnéaires sont nées au cours du XIXe siècle, sous l'impulsion d'une société privilégiée, urbaine, qui loue puis construit ses propres villas et qui cherche à reconstituer, au grand air, des modes de vie propres à la ville. La station balnéaire est le plus souvent un greffon qui se développe auprès d'un centre plus ancien, un petit port de pêche par exemple, car aux vertus thérapeutiques s'ajoutent la valorisation d'un paysage et les qualités « authentiques » prêtées à ceux qui y vivent. La ségrégation spatiale est rapidement la règle, mais certains lieux ont valeur de creuset social : on s'y mêle à d'autres dans certaines limites (le bord de mer, la plage parfois).

Le modèle « méditerranéen » de la station balnéaire

Le modèle d'inspiration méditerranéenne diffuse se caractérise par un front de mer, ligne de contact avec l'océan, fait de plages adossées aux dunes où les villas se construisent. Le front de mer s'élargit progressivement aux dimensions de l'espace circonscrit. Les larges baies constituent des sites privilégiés : l'espace y est clos, entre deux caps.

Saint-Briac (Ille-et-Vilaine)

© A. Miossec

Une station traditionnelle.

L'urbanisme balnéaire

La Baule

La Baule offre un type achevé d'urbanisme balnéaire. Avant guerre, le front de mer était fait de villas individuelles construites dans des parcs aux dimensions parfois importantes. Chaque villa avait son style. Après guerre, les premiers immeubles collectifs apparaissent (le premier en 1953) et la municipalité décide de construire un remblai. Un mur vertical sépare désormais la plage des rares dunes qui subsistent encore sur le front de mer, un boulevard bitumé masque bientôt les sables. Un large trottoir fait promenade au-dessus de la plage. Ainsi s'épanouit un modèle d'urbanisme littoral reproduit avec succès mais avec plus ou moins de réussite.

Les stations balnéaires aux Pays-Bas

Chacun peut admirer la promenade des Anglais à Nice ou la Croisette à Cannes, mais beaucoup de stations balnéaires présentent plus de monotonie que de charme. La nature permet toujours de l'expliquer : les longs lidos monotones ont vu naître des stations qui s'étirent sur quelques kilomètres et

Scheveningen (Pays-Bas)

© A. Miossec

Un exemple de front de mer à la fois ancien et moderne : au centre le Kurhaus, hôtel aujourd'hui, centre de bain de mer à l'origine.

s'arrêtent brutalement, sur le désert de sable d'une côte restée naturelle et, en cela, encore convoitée par l'urbanisation. Bien des stations hollandaises répondent à cette description : Scheveningen (photo) ou Zandvoort. À Scheveningen, le cœur de la station sur le front de mer est constitué d'une maison de bains de mer, le Kurhaus, aujourd'hui transformée en hôtel. L'urbanisation qui l'entoure lui ôte une partie de ce charme désuet qui rappelle le XIXe siècle.

Les stations balnéaires aux États-Unis

Il en va de même aux États-Unis, le long de la côte atlantique : le charme de Cape May (photo), vieille station aristocratique du Maryland avec ses villas en bois, massives, au bleu pâle qui en rehausse l'attrait, s'oppose aux monotones séries de buildings d'Atlantic City, avec ses vingt casinos.

En arrière du front de mer, l'urbanisme balnéaire étale ses villas. Quand la côte est rectiligne, la monotonie des plans quadrillés domine. Les nombreuses stations américaines qui se sont développées sur les îles-barrières présentent le même alignement de villas, sur trois, quatre ou dix rangées. L'originalité tient ici aux nombreuses constructions sur pilotis qui tendent à mettre ces villas à l'abri des tempêtes et du recul de la côte. Quand le paysage est plus contrasté, quand les pentes s'inclinent sans excès vers la mer, l'amphithéâtre de la plage impose son existence, avec ses villas disposées en arc de cercle et noyées dans les arbres.

Arcachon

Une partie de la station d'Arcachon est construite ainsi, avec ses grands chalets qui se logent au cœur des dépressions dans la dune. La construction de la ville d'hiver débute en 1862. Un médecin de cette époque en vante les

Cape May (États-Unis)

© A. Miossec

Grandes villas en bois, en arrière du front de mer.

mérites : « La disposition en amphithéâtre permet de doser aux malades l'air qu'ils respirent et de combiner l'élément salé avec l'élément résineux dans les proportions nécessaires à l'état morbide de chaque individu. » Le plan même a été pensé en fonction des vertus thérapeutiques supposées : comme l'écrit l'architecte Regnauld, « des rues droites donneraient lieu à des courants d'air funestes aux convalescents [...] les habitations nouvelles devraient être semées comme un jardin anglais et ne communiquer entre elles que par des lignes courbes ». Toute une nature nouvelle, riche d'arbres plus ou moins exotiques, s'est développée à l'initiative des propriétaires. Tout cela fait le charme des stations les plus anciennes, les plus marquées par l'histoire, par les personnalités qui les ont créées (Dinard, Biarritz...). Elles contrastent fortement avec l'urbanisation qu'impose la période des Trente Glorieuses, quand explose le tourisme de masse, appuyé sur les mythes conjoints du soleil et de la mer ou encore des 4 S *(Sea, Sand, Sun and Sex)* tels qu'on les a définis.

Un développement « spontané » et désordonné

Cette forme de développement s'est opérée à partir des pôles qui ont pris naissance à la fin du XIXe siècle. Autour du noyau initial, des quartiers de villas se sont constitués tandis que, sur le front de mer, poussaient les immeubles : l'envol du prix des terrains, lié à la recherche systématique de la vue sur la mer, explique cette densification qui alourdit le front de mer. Les promoteurs compensent la hausse du prix des terrains en construisant en hauteur. À la périphérie poussent, sur le même modèle, des excroissances pavillonnaires. Les promoteurs plus ambitieux, plus soucieux d'une certaine harmonie dans le paysage, construisent des petits collectifs et lotissements en villas qui rompent alors la monotonie des plans quadrillés. Dans les communes où l'habitat est dispersé en hameaux, les lotissements prolifèrent en autant de nouveaux points d'urbanisation.

Ce modèle, répété à l'envi, pose aujourd'hui de redoutables problèmes. Dans les régions où existent des massifs dunaires, un système à double fonction se développe. Le village traditionnel en arrière de la dune (à quelques kilomètres parfois) est bientôt relié à un front de mer d'autant plus artificiel qu'il ne correspond à aucune tradition : Lacanau et Lacanau-Océan, Biscarosse et Biscarosse-Plage en sont de bons exemples. En Vendée, on peut dire la même chose de Saint-Jean-de-Monts où le noyau initial tourne le dos à la mer tandis que se développe brutalement, dans les années soixante, ce front de mer monotone que les édiles cherchent aujourd'hui désespérément à rendre attractif.

Les effets pervers du premier modèle expliquent la naissance d'une seconde forme d'urbanisation littorale, plus contrôlée, plus planifiée même.

Tourisme balnéaire et planification de l'espace

La planification de l'espace représente un deuxième type de développement. Elle touche de nombreux pays : les pays d'économie socialiste, la France, les pays en voie de développement.

En pays d'économie socialiste

C'est dans les pays d'économie socialiste qu'un nouveau type de station balnéaire s'est développé dès la fin de la Seconde Guerre mondiale. Ces stations se trouvent au bord de la mer Noire, sur la riviera du Caucase, avec Sotchi pour axe, ou au sud du delta du Danube.

La manière dont les Roumains et les Bulgares ont conçu l'organisation est exemplaire. Le long de la côte, il existe de petits ports de pêche et trois grands ports de commerce (Varna, Constantza et Bourgas) qui tissent avec leur arrière-pays un réseau de moyens de transports dense. Entre ces pôles existent de vastes espaces encore vierges. Les motivations des États sont évidentes : les gouvernements cherchent à promouvoir un tourisme social à destination des populations nationales, mais ils cherchent également à se procurer des devises sur le marché international. À partir de 1956-57, l'État, du fait de l'appropriation collective des terres et de l'investissement massif, est le maître d'œuvre de l'opération. De grands complexes touristiques naissent rapidement, qui regroupent entre 15 000 et 25 000 lits d'hôtels, des terrains de camping (jusqu'à 30 000 places) et tout ce qu'un touriste peut désormais attendre en matière d'équipement de loisirs. L'organisation de l'espace littoral est planifiée : tout est prêt avant que n'arrive le premier touriste, et les perspectives de développement sont intégrées dans des plans à moyen et long terme. Il en résulte un paysage entièrement organisé pour le touriste : la capacité d'accueil des plages est estimée dès le départ, les formes de l'habitat sont réparties avec harmonie, parmi jardins, espaces boisés et allées pour la promenade. Comme le dit un slogan publicitaire, « les arbres et le soleil se donnent rendez-vous dans les chambres ».

En France

Le meilleur exemple de planification de l'espace en France est l'aménagement du littoral du Languedoc-Roussillon. À l'État la planification d'ensemble et la réalisation des grandes infrastructures, à des sociétés d'économie mixte et au privé la gestion dans la durée. Cela n'ira pas sans conséquences :

le tourisme, dans sa dynamique, retrouve vite ses vieux démons qui s'appellent ici densification progressive (mais massive) de l'espace et fuite en avant à la recherche de nouveaux produits d'appel. Le résultat est toutefois différent de ce que l'on observe ailleurs, en Vendée ou sur la côte d'Azur : les unités touristiques frappent par l'originalité de leur urbanisme. Elles sont toutes conçues autour de la plage et surtout de la plaisance. Le port structure l'espace urbanisé et fonctionne comme un lieu de vie, attirant plaisanciers et badauds. La plage n'est plus le seul pôle d'attraction. La nature est insérée dans le programme de développement, moins dans la station même qu'entre les stations, où le principe de véritables coupures d'urbanisation a cherché à s'imposer.

Dans les pays en développement

Les pays en développement ont pratiqué selon les mêmes normes. La Turquie, la Tunisie, le Maroc se sont depuis une vingtaine d'années tournés vers le tourisme. Les secteurs les plus attractifs de leur littoral sont ainsi passés de territoire du vide à un monde progressivement plein. Les États ont joué un rôle central, soucieux d'obtenir ainsi les devises nécessaires à leur développement. À la différence de l'expérience européenne, l'infrastructure de base demandée à l'État est l'aéroport et non la route : la clientèle est étrangère, et l'accueil se fait massivement dans des hôtels qui constituent l'essentiel du paysage. Partout où le découpage de la côte le permettait, le mitage classique du linéaire côtier reste la règle; comme à proximité des grandes villes, entre Rabat et Casablanca, par exemple.

Ailleurs domine l'hôtel, symbole du tourisme international et seul capable de répondre à une clientèle captive (du fait de l'avion) et massive (du fait des compagnies de charters). Ces hôtels ont des formes diverses. Ce sont parfois des hautes tours de plusieurs étages mais, le plus souvent, ils sont éclatés en blocs aux architectures variées sans jamais écraser la plage de leur taille. La station nouvelle de Port-El-Kantaoui, en Tunisie, en offre une parfaite illustration. En fait, le cadre naturel conditionne ce mode de développement. Les larges baies sableuses comme celle d'Agadir, les très longs lidos de la côte tunisienne ont permis la progressive mise en place d'une mono-activité dont les effets spatiaux finissent par poser d'aussi redoutables problèmes qu'ailleurs : la logique touristique littorale est envahissante.

L'évolution de la fonction touristique

La fonction touristique est la dernière venue sur le littoral; c'est aussi celle qui a eu les effets les plus spectaculaires. En moins d'un siècle, elle a donné naissance à de véritables régions touristiques, en emboîtant tous les niveaux de l'analyse géographique. Le développement des stations balnéaires le long des côtes a multiplié les rivieras au sein desquelles une hiérarchie s'est établie : depuis les agglomérations qui dominent l'ensemble, et qui ont su par leur taille et leur rayonnement être autre chose que de simples «usines à touristes», jusqu'aux petites stations. Ces dernières présentent des types variés, depuis le greffon développé à côté du port de pêche et qui finit par l'étouffer jusqu'aux nouvelles stations «intégrées» qui sont monofonctionnelles.

Linéaire, la côte s'est progressivement transformée en ce «mur de béton» que dénoncent certains. Cela est toutefois logique, compte tenu du succès jamais démenti de la mer et des plages. Le mitage de l'espace par la résidence sous toutes ses formes, la disparition de paysages naturels remarquables en sont la conséquence. Il s'agit toujours d'une forme de privatisation de l'espace, d'appropriation des fronts de mer qui soulève aujourd'hui de sérieuses réserves. Une meilleure gestion de la zone côtière est réclamée, dans les pays d'économie développée en particulier, où l'accumulation des équipements est aussi remarquable que coûteuse et la cohabitation avec les autres fonctions délicate quand la pression touristique n'est pas maîtrisée.

Une prise de conscience

Une ère nouvelle s'ouvre désormais, conséquence d'une prise de conscience. Les espaces saturés, les milieux dégradés, les paysages transformés et stéréotypés que l'Europe et l'Amérique exportent dans les pays en voie de développement appellent des politiques nouvelles. Le tourisme, dont l'essor n'est évidemment pas terminé mais dont les logiques de développement sont mieux comprises, est à l'origine d'une réflexion d'ensemble sur la mer et les côtes. Comment insérer les différentes fonctions sur un espace aussi étroit ? Comment les faire cohabiter avec un souci d'équilibre, aucune ne chassant les autres. Comment en un mot éviter les gaspillages ? Gaspillage d'espace rare et fragile, gaspillage de la ressource vivante, affectée par les pollutions inévitables du fait de la concentration des hommes en bord de mer et, lorsqu'il s'agit des cultures marines, affectée par l'exploitation trop intensive des mers.

Gérer les effets de cette pression croissante est l'enjeu principal du siècle prochain : il y a d'autant plus urgence que le niveau de la mer tend à s'élever et que les conséquences en sont encore mal appréciées.

SYNTHÈSE

La fonction touristique est le type d'occupation de l'espace littoral le plus récent. C'est aussi le plus gourmand. La station balnéaire est née de l'initiative de quelques fortes personnalités qui ont imposé un modèle partout appliqué de façon stéréotypée. C'est le développement économique général et l'essor du niveau de vie qui ont permis la diffusion massive de ce modèle partout dans le monde. Les États se sont souvent préoccupés des effets pervers d'un développement pourtant porteur de richesse : ils ont cherché à organiser, à planifier l'occupation du linéaire côtier.

Pour en savoir plus

G. CAZES, *Fondements pour une géographie du tourisme et des loisirs*, Bréal, 1992	Complexe mais très utile pour l'approche méthodologique.

A. CORBIN, *Le Territoire du vide. L'Occident et le désir de rivage, 1750-1840.* Aubier, 1988, Champs-Flammarion, 1990	Un livre fondateur sur la progressive formation des stations balnéaires. L'ouvrage, qui s'arrête à l'aube de la croissance urbaine, fourmille d'idées.
J.-M. DEWAILLY et E. FLAMENT, *Géographie du tourisme et des loisirs,* SEDES, 1993	Une excellente mise en perspective du phénomène touristique, où le littoral ne fait cependant pas l'objet d'une analyse spécifique.

8

MERS ET LITTORAUX : DES ESPACES AUX CONFLITS MULTIPLES

Espaces exigus mais milieux attractifs, les littoraux peuvent-ils sans risques supporter l'accumulation des activités et des hommes qu'on y observe ? De même, l'immensité de l'océan ne masque-t-elle pas les limites des ressources qu'il offre à la pêche ? Pollution, surexploitation, urbanisation tentaculaire, industrialisation sont la rançon des atouts offerts par la mer et les côtes. Elles sont aussi l'effet d'une compétition entre groupes socioprofessionnels dont la cohabitation est parfois délicate.

La planète océan, contrôlée et surexploitée ? (page 108)
L'importance des océans est révélée par la surveillance dont ils sont l'objet. Cette surveillance est scientifique, et les satellites sont des instruments de contrôle d'une grande efficacité, mais elle est aussi militaire. Des conflits sporadiques affectent le monde de la pêche : ils ont pour origine une exploitation intensive d'une ressource qui se renouvelle difficilement.

La dégradation des milieux littoraux (page 110)
Cette dégradation est une conséquence de pressions de plus en plus considérables sur la frange côtière. Tous les milieux sont affectés et l'un des enjeux les plus importants tient à la qualité de l'eau.

La dégradation des espaces littoraux (page 113)
La pression sur l'espace est préoccupante. L'essor du tourisme a entraîné une considérable urbanisation de la frange côtière, parfois dans le plus grand désordre. De même, dans les estuaires, la compétition entre groupes socioprofessionnels se fait vive à mesure que se réduisent les espaces naturels. Ces conflits d'usage exigent que des solutions soient recherchées.

La planète océan, contrôlée et surexploitée ?

Un contrôle stratégique

Des moyens de contrôle

L'océan est surveillé en permanence, autant pour des raisons civiles que militaires. Le satellite Poséidon, par exemple, ausculte la surface des océans et donne de précieuses informations sur les variations de leur niveau : cet instrument scientifique est au service de la communauté internationale comme le sont tous les satellites qui suivent, jour après jour, le développement du courant El Ninõ en donnant les températures des eaux de surface dans l'est du Pacifique. Beaucoup de satellites cependant sont au service des intérêts nationaux des pays qui les ont lancés : la surveillance militaire vaut autant pour les océans que pour les continents.

Mais ce sont les forces militaires qui constituent l'instrument par excellence du contrôle de l'océan, à travers les sous-marins, quelle que soit leur classe (sous-marins nucléaires d'attaque, sous-marins nucléaires lanceurs d'engins) ou les grandes escadres de navires. Ce sont là des moyens d'action qui reposent, à terre, sur de grandes bases. Bases nationales, comme Brest et Toulon pour la France ou Norfolk et San Diego aux États-Unis, qui abritent les escadres ou bases lointaines qui leur servent de relais, de points de ravitaillement (Tahiti ou Djibouti pour la France).

L'état actuel des lieux

L'effondrement du système communiste ouvre une ère nouvelle qui fait des États-Unis les véritables maîtres des océans. En font-ils toutefois une thalassocratie comme l'Antiquité en a connue ? Sans doute pas, car leur richesse est d'abord celle de leur propre territoire. C'est plus « [leur] conception d'un monde hiérarchisé par la richesse et la puissance des innovations technologiques et dont le mécanisme de développement est le libéralisme absolu et garanti par les structures du commerce universel que contrôle l'organisation mondiale du commerce » (A. Vigarié) qui les oblige à disposer des moyens de contrôler tout mouvement dans l'océan qui troublerait cette *pax americana*. Dans les océans que quadrillent les grandes routes d'acheminement des matières premières et des produits fabriqués, les États-Unis disposent donc de tous les points d'appui nécessaires au ravitaillement d'une flotte sans égale : la VIIe flotte contrôle le Pacifique occidental et les mers bordières de l'Asie, la IIe flotte le Pacifique oriental, la Ve l'océan Indien, la IIe l'Atlantique et la VIe, indépendante de la IIe depuis 1992, la Méditerranée.

Au-delà du strict militaire

Si tout n'est pas militaire dans la surveillance et le contrôle des océans, l'intervention des flottes est parfois souhaitable en haute mer, dans la limite des eaux qui relèvent de la zone économique exclusive (ZEE) où s'exerce la souveraineté des États, jusqu'à 200 milles des côtes. Cette limite correspond souvent à des zones de conflit pour la pêche. La guerre de la morue autour de Terre-Neuve ou le conflit dans le golfe de Gascogne en 1995, lorsque des pêcheurs espagnols prirent à l'abordage la Gabrielle, chalutier de l'île d'Yeu, en sont des exemples. Ces affrontements ne sont pas inédits et il y en a eu d'autres dans le passé. Simplement, ils expriment aujourd'hui d'autres causes et, parmi celles-ci, la raréfaction de la ressource.

La maîtrise de la ressource halieutique

Des ressources qui ne sont pas inépuisables

Les ressources vivantes de l'océan ne sont pas indéfiniment renouvelables. Elles sont vulnérables aux modifications simplement écologiques qu'impose la nature (par exemple, les effondrements périodiques des pêches péruviennes du fait de l'existence du courant El Ninõ). Elles sont aussi vulnérables à une exploitation trop intensive, à une surexploitation des stocks, mais le terme est à manier avec précaution car il suppose que ces stocks soient connus et qu'un seuil au-delà duquel la population est menacée soit fixé. Dans le passé, quand déclinait la rentabilité d'une zone de pêche, les flottilles changeaient d'endroits ou les pêcheurs cherchaient une autre variété de poisson à capturer. Aujourd'hui, la situation est devenue plus problématique : l'émergence de nouveaux pays dans le tiers-monde exploitant la ressource des océans limite les zones accessibles à tous, les artisans pêcheurs sont de plus en plus nombreux et les technologies se sont grandement perfectionnées à tous les niveaux. Le repérage des bancs se fait de manière plus scientifique, allant jusqu'à l'estimation de ce qui sera pêché. En un mot, la productivité des pêches a crû de façon exponentielle, mais pas la ressource. Désormais, la pêche procède de l'économie de cueillette... avec des ordinateurs. La production des océans a quintuplé depuis cinquante ans (10 Mt en 1945, 109 Mt en 1995) et de nombreux stocks se sont effondrés totalement ou partiellement.

Des ressources gaspillées

Le gaspillage est intense : une partie des captures n'est même pas commercialisée, pour cause de fraîcheur douteuse ou de marché sans intérêt (en Afrique, on estime ces pertes entre 20 et 25 %). Enfin, une grande partie des captures sert à fabriquer des farines pour engraisser des animaux. Le paradoxe est dans les chiffres : il faut 15 kg de poisson pour fabriquer 2, 7 kg de farine de poisson qui vont entrer dans la fabrication de la nourriture permettant de produire un saumon de 3 kg. Sans doute peut-on envisager les choses avec plus de rationalité mais la santé économique de quelques grands pays producteurs, le Danemark par exemple, tient dans ce paradoxe. On conçoit les conséquences sociales d'une telle situation.

Des causes économiques

En fait, la pêche est aujourd'hui à un tournant. Au-delà de l'endettement massif qui frappe de nombreuses entreprises, des causes profondes expliquent les mutations. Dans le domaine des pêches, la mondialisation des échanges est désormais de rigueur : l'émergence des pêches du tiers-monde, où les salaires sont bas, le faible niveau du fret aérien, qui permet d'achalander rapidement les grands marchés de consommation, maintiennent les prix à la baisse. Et ceci vaut aussi pour les produits frais de qualité dans lesquels une grande partie des pêcheurs français se sont spécialisés (60 % des patrons pêcheurs, 80 % des marins embarqués). Dans ce contexte, les prix ne sont plus directement fixés à l'échelle locale, celle de la traditionnelle criée :

quelques grandes entreprises de mareyage, quelques centrales d'achat des grandes surfaces (qui écoulent 50 % du poisson frais) organisent le marché face à une profession assez divisée.

La montée des préoccupations environnementales

Cette crise est aussi l'un des effets les plus visibles de la montée des préoccupations environnementales. Quand Bruxelles oblige les pêcheurs de l'île d'Yeu à diminuer la longueur de leurs filets maillants dérivants (limite actuelle : 2,5 km, contre 5 à 8 km il y a peu), ce n'est sans doute pas tant pour aider les Galiciens qui pêchent le thon à la ligne et mettent sur le marché un produit de meilleure qualité marchande, c'est surtout pour limiter le gaspillage de la ressource : sur 77 millions de tonnes de poisson pêché en 1994, 27 millions furent rejetés !

La dégradation des milieux littoraux

De plus en plus nombreux, les gens qui fréquentent le littoral sont sensibles à la qualité du milieu : chacun souhaite le trouver le plus « naturel » possible, même si ce caractère n'admet pas une définition précise.

La dégradation des dunes

La fréquentation des cordons littoraux a souvent entraîné une dégradation de ce milieu particulier qu'est la dune. Des fronts de mer les ont remplacés dans certains cas (par exemple à La Baule), des complexes immobiliers se sont implantés dans les massifs eux-mêmes (Saint-Hilaire-de-Riez, en Vendée). En bien des endroits, la dune est apparue comme un obstacle qu'il fallait traverser pour rejoindre la plage, mais aussi comme un refuge lorsque la marée monte ou lorsque les vents soufflent trop violemment de la mer. La dune bordière a été progressivement abîmée par la pression touristique. Des sentiers tracés empiriquement viennent scinder le front dunaire et provoquent autant de brèches approfondies par les vents qui soufflent en hiver. Des dépressions naissent aussi de la disparition de la végétation : les tapis de plantes aux racines traçantes qui fixent les sables disparaissent ou s'éclaircissent du fait des piétinements. Des plantes particulières sont recherchées pour leur valeur esthétique et, en une vingtaine d'années, le chardon bleu *(Eryngium maritimum)* a disparu. C'est le premier exemple des effets de la pression touristique.

La qualité des eaux

La qualité des eaux littorales est souvent mise en cause. Ce phénomène pourrait relever simplement d'un retour inconscient de l'hygiénisme sur les littoraux ; les touristes veulent des eaux « propres ».

Les eaux marines

En réalité, la qualité du milieu marin, au moins littoral, a été profondément affectée par la multiplication des activités. Dans les stations balnéaires, où la population est multipliée par dix pendant les deux mois d'été, les stations d'épuration sont incapables de faire face aux exigences sanitaires. La qualité des eaux de baignade s'en ressent inévitablement. Les ports de plaisance sont également mis en cause : outre des conditions sanitaires qui n'y sont pas toujours excellentes, des pollutions par le plomb accompagnent l'usage de peintures protégeant la coque des bateaux contre algues et coquillages.

Trois plages varoises interdites à la baignade

Les orages et les stations de pompage des eaux usées sont à l'origine de pollutions, notamment aux coliformes

« [...] Dans le cas des plages tropéziennes, les violents orages du 11 août pourraient être la cause d'une pollution résiduelle aux coliformes. On s'étonne dès lors que d'autres plages du littoral tout aussi exposées n'aient pas également été polluées. À moins que certains maires aient préféré ne pas affoler les touristes, ce qui pourrait être le cas quand on sait que, pour la seule partie ouest du littoral — un dixième des 430 kilomètres des côtes varoises —, sur une cinquantaine de points de prélèvement, moins d'une dizaine permettraient de laisser les plages sous pavillon vert. [...] »

D'après *Le Monde*, 19/8/1997

Les eaux douces

Les pollutions n'ont pas pour seule origine le développement touristique : ostréiculteurs et mytiliculteurs, parce qu'ils sont soucieux de garantir la quantité et la qualité de leurs production, regrettent saisonnièrement l'abondance des nitrates et des phosphates que véhiculent les eaux douces, comme les pesticides dont abuseraient les agriculteurs. Ces nutriments peuvent aller jusqu'à provoquer des catastrophes lorsque les circonstances le permettent : arrivée d'eaux douces chargées de nutriments, périodes d'ensoleillement qui réchauffent brutalement les eaux, période de mortes-eaux qui se marquent par un trop faible brassage par les courants de marée. Ces conditions sont idéales pour qu'éclatent des « blooms » phytoplanctoniques qui peuvent s'accompagner de la prolifération d'un dinoflagellé nuisible à la consommation des coquillages *(Dinophysis)*. Des périodes d'interdiction de vente des coquillages affectent les entreprises mytilicoles. Ces périodes sont en grande partie la conséquence des progrès de l'agriculture au cours des trente dernières années. Les intérêts des agriculteurs ne sont pas, en apparence du moins, compatibles avec ceux

Le triste bilan de la pollution par les hydrocarbures

– 18 mars 1967 : échouage du Torrey Canyon au large des îles Scilly : 123 000 tonnes de pétrole polluent 180 km de plages en France et en Angleterre.
– 24 janvier 1976 : échouage de l'Olympic Bravery à Ouessant ; par chance il ne perd que 800 tonnes de fioul des soutes de propulsion. Quinze jours de pompage pour le fioul résiduel (400 tonnes) et 3 mois de nettoyage du littoral.
– 16 mars 1978 : échouage de l'Amoco Cadiz sur les roches de Portsall (Finistère) : à bord, 223 000 tonnes de pétrole brut. 300 km de côte sont touchés.

des aquaculteurs. Gérer la cohabitation de ces deux types d'activité est désormais une nécessité.

Les mutations ou les disparitions d'espèces vivantes

À côté de ces phénomènes, l'opinion publique s'inquiète — parfois à juste titre — des transformations qui affectent les espèces. Un excellent exemple récent est fourni en Méditerranée par la prolifération de l'algue, définie comme « tueuse », qu'est la *Caulerpa taxifolia.*

Cette algue est apparue en Méditerranée pour la première fois en 1984. Il s'agit d'une algue qui vit normalement dans les eaux tropicales chaudes mais qui témoigne d'une grande plasticité. On pensait qu'elle ne résisterait pas à des hivers froids et à l'abaissement des températures des eaux de la frange nord de la Méditerranée. Il n'en fut rien et l'algue, qui n'occupait que un mètre carré devant le Musée océanographique de Monaco, a brutalement colonisé un environnement de plus en plus étendu : elle semble tout supporter, eaux claires comme eaux polluées des ports ; elle gagne en profondeur puisqu'on la trouve par 100 mètres de fond. Comme le montre la carte, ce

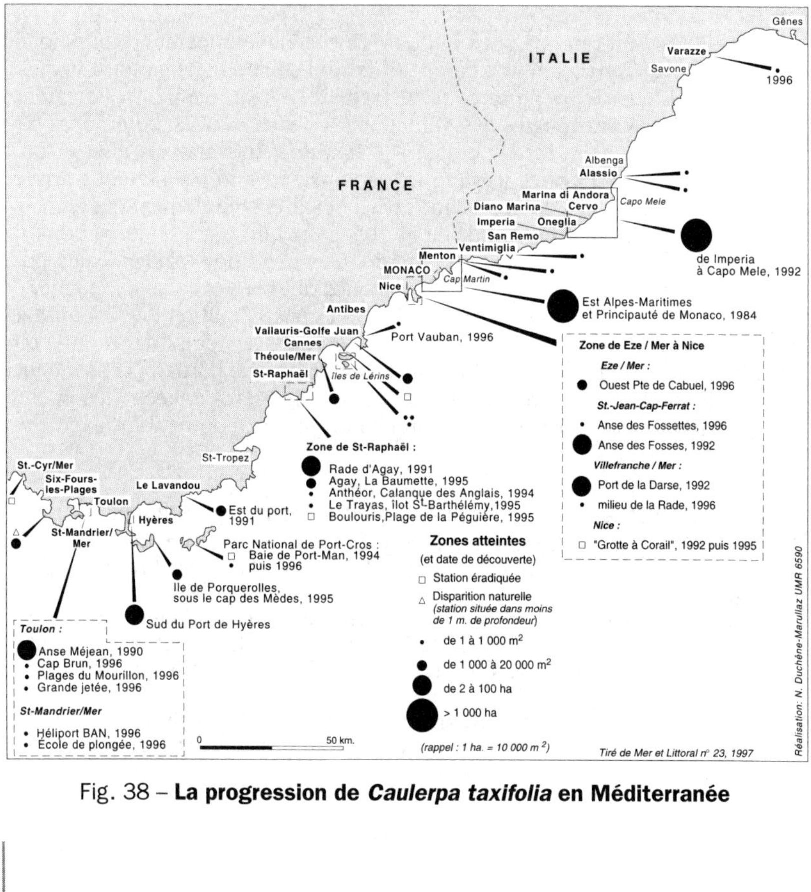

Fig. 38 – **La progression de *Caulerpa taxifolia* en Méditerranée**

sont plus de 3 000 hectares qui sont touchés dans le Var et les Alpes-Maritimes.

Cette algue est toxique et intolérante, selon certains spécialistes. Elle s'impose aux autres espèces et les fait disparaître, elle modifie ainsi un ensemble d'écosystèmes et provoque la désertification des herbiers. Les pêcheurs eux-mêmes dénoncent sa présence et demandent que des mesures soient prises pour éradiquer cette dangereuse intruse. Est-elle venue accidentellement au hasard d'une vidange mal faite d'un aquarium du Musée de Monaco ? Est-elle venue accrochée à la coque des navires qui franchissent le canal de Suez ? En mer, l'extension des espèces est parfois facilitée par l'augmentation massive des trafics maritimes. Il n'est pas encore de réponse tranchée à ces questions, pas plus d'ailleurs que de certitude quant à sa réelle toxicité.

La dégradation des espaces littoraux

Ces contraintes sont celles qui relèvent le plus directement de l'analyse géographique. Des activités plus diversifiées, des hommes plus nombreux : en conséquence, des espaces chaque jour plus réduits et surtout une compétition accrue pour l'espace. À ce niveau, on conçoit les risques de confrontation, risques d'autant plus marqués que l'on se trouve de part et d'autre du trait de côte. Quelques exemples illustrent cette situation.

Le tourisme littoral dévore l'espace

Il le fait de manière massive et pratiquement non sélective. Un bref regard sur les côtes montre que nul site n'est à l'abri des convoitises du touriste, puisque ce qui attire, c'est la mer et les paysages littoraux dans leur originalité. On a donc construit des stations de villégiature à peu près dans tous les sites possibles. Les côtes rocheuses ne sont pas répulsives et permettent la

Statistiques en Provence-Côte d'Azur

Entre Menton et Martigues, 191 ouvrages d'une superficie supérieure à 0,01 hectare ont été répertoriés, dont :

– 64 ports abris inférieurs à 2 hectares,
– 71 ports de plaisance et de commerce supérieurs à 2 hectares,
– 27 digues ou terre-pleins isolés,
– 26 plages alvéolaires artificielles,
– 3 grands ouvrages particuliers supérieurs à 200 hectares (aéroport de Nice, ports de Toulon et de Marseille).

Ils ont globalement détruit ou profondément altéré par recouvrement ou endigage :

– 15,3 % des petits fonds situés entre 0 m et – 10 m,
– 5,1 % des petits fonds situés entre – 10 m et – 20 m.

Source : A. MEINESZ, colloque de l'Union des océanographes de France, Nantes, 1991

dissémination du bâti : il y a toujours quelques petites criques isolées pour permettre la baignade et d'immenses estrans rocheux pour la pêche à pied. Les cordons littoraux ont été massivement urbanisés : les dunes ont disparu, les empiétements sur la plage sont légion, avec les conséquences que l'on sait en matière de lutte contre l'érosion marine. Les marais eux-mêmes ont été affectés, soit qu'on les ait remblayés pour gagner de la place, soit qu'on y ait logé quelques ports de plaisance en partant de l'idée que ces milieux ne présentaient plus aucun intérêt du fait du déclin des formes de mise en valeur traditionnelle.

La perturbation des activités traditionnelles

Le tourisme est aussi une fonction fortement perturbatrice des activités traditionnelles : son essor accompagne le déclin de l'agriculture ou de la pêche quand il ne le provoque pas. C'est là d'ailleurs qu'un diagnostic s'impose si l'on veut gérer la coexistence des activités et des hommes sur le littoral en se gardant de toute vision manichéenne des choses ou d'un jugement de valeur niant les effets positifs de l'économie touristique. C'est autour de cet état de fait qu'il faut considérer la vogue des mouvements écologistes sur les littoraux : ce qu'ils dénoncent, c'est moins le fait touristique lui-même que les abus multiples qu'il engendre et les dégradations qu'il entraîne. Ce sont aussi les errances d'un système qui s'auto-entretient et où l'on pense que seul le développement touristique peut maintenir les populations au bord de la mer, en dehors de la saison estivale : les marinas des ports de plaisance, les golfs qui se sont multipliés, les thalassothérapies qui exigent la proximité de la mer ne sont, à leurs yeux, que prétexte à toujours plus urbaniser.

Les besoins de l'ostréiculture

Les ostréiculteurs ont besoin de l'estran pour développer leurs activités. Ils obtiennent en France des autorisations temporaires d'occupation du domaine public maritime. Ils craignent, en été, le pillage de leurs parcs par les touristes, tout comme ils redoutent, ainsi que les pêcheurs, la multiplication des ports de plaisance que l'on a construits le plus souvent en avant du trait de côte et sur l'estran.

Les besoins des ports

La grande croissance du commerce international, l'essor des industries installées dans les ports ont contribué à les rendre particulièrement gourmands d'espace. À Singapour et au Japon, une partie des gains se fait par remblaiement dans la mer avec les effets polluants que l'on peut attendre de telles entreprises. C'est toutefois dans les estuaires que la situation est la plus dramatique. Ici se heurtent des intérêts économiques antagonistes, mais aussi une philosophie de la jouissance des espaces et des milieux qui oppose ingénieurs et techniciens, d'une part, et les mouvements de protection de l'environnement, d'autre part. Le cas des estuaires de la Loire et de la Seine est révélateur de cette situation.

L'appétit des ingénieurs

La présence des marais d'estuaires les a d'abord rendu peu attractifs : les prairies inondables étaient seules convoitées par des éleveurs qui y

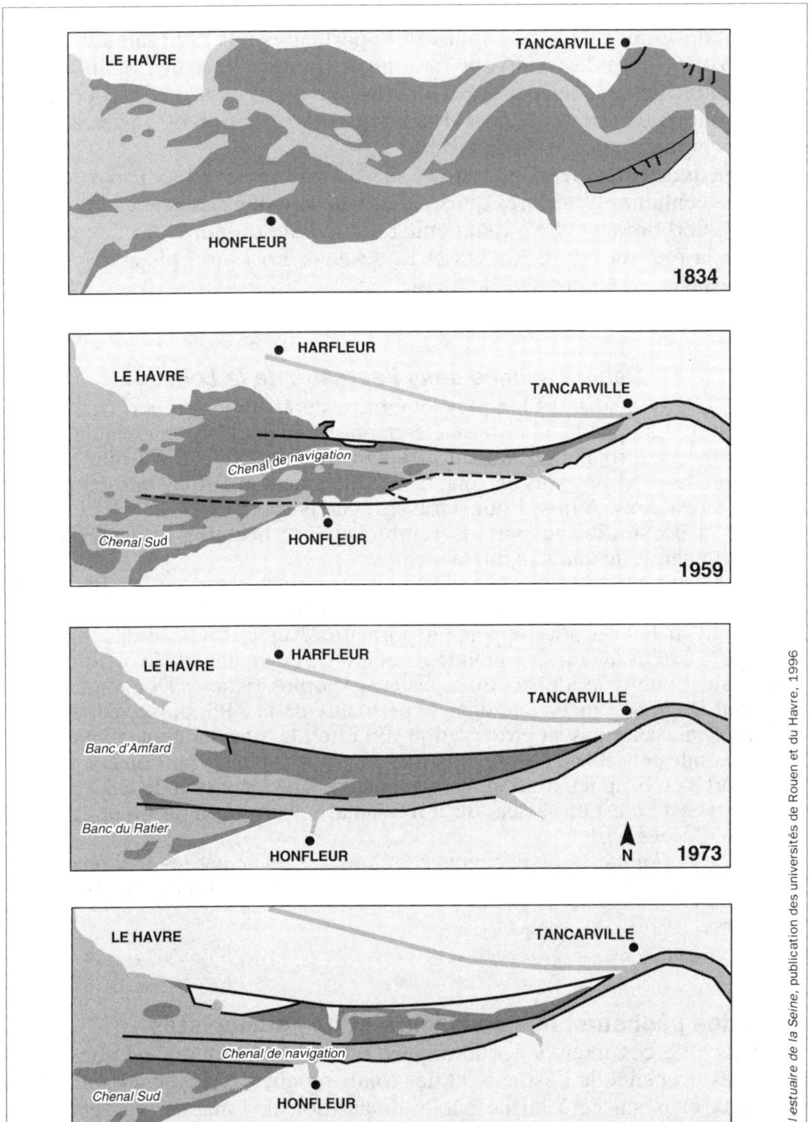

Fig. 39 – **La réduction des surfaces de balancement des marées dans l'estuaire de la Seine**

pratiquaient l'embouche. Avec la révolution des transports maritimes, les ports ont développé des zones industrialo-portuaires : ils l'ont fait aux dépens de ces zones humides, souvent remblayées, tandis que des quais étaient construits et des chenaux d'accès dragués en permanence. Ces opérations lourdes ont eu des conséquences dramatiques : disparition de vastes surfaces de zones humides, pollution des eaux.

L'appétit des ingénieurs portuaires ne s'est pas démenti : au Havre, ce sont plusieurs centaines d'hectares qui sont encore convoités dans le cadre du projet Port 2000 qui cherche à maintenir l'attractivité du port face aux concurrents de la mer du Nord, Anvers et Rotterdam. En Loire, plusieurs options sont envisagées qui vont dans le même sens.

Débats animés dans l'estuaire de la Loire

«[...] L'État va aujourd'hui plus loin que les prétentions du port en 1992. En effet, lorsque la plainte a été déposée et déclarée recevable par l'Europe, le projet portuaire n'affichait qu'une extension limitée sur Donges-Est : 51 hectares de zone de remblaiement et 600 mètres de quais supplémentaires. Aujourd'hui, à travers cette proposition de ZPS (1), l'État offre la possibilité au port de remblayer 250 hectares et de réaliser 2,4 kilomètres de quais supplémentaires.
Les secteurs clés du point de vue écologique sont exclus de la ZPS. Les vasières et les roselières, milieux biologiquement très riches, ont déjà payé un lourd tribut au développement portuaire. Aujourd'hui, le découpage proposé exclut la dernière grande roselière de l'estuaire située à Donges-Est, ainsi que deux de ses trois vasières les plus riches : Donges-Est et Méan. De plus, l'inclusion, dans le périmètre de la ZPS, du secteur de la Taillée, n'assure pas sa préservation. En effet, la zone de contact avec la Loire, indispensable à la survie du marais, est réduite à la portion congrue. Le port a eu beau jeu d'accepter, en échange, une extension de la ZPS sur la partie est : c'est un secteur qu'il n'a jamais convoité en raison des difficultés d'accès [...]»

Source : «Le découpage du ministre rejeté par les écologistes : Donges-Est : toujours la controverse», *Ouest-France,* 24/10/1995

(1) ZPS = zone de protection spéciale.

Le front des pêcheurs, des chasseurs et des écologistes

En face de ces intérêts économiques, un front commun s'est constitué à partir des pêcheurs de l'estuaire et des fonds proches, qui voient leur activité restreinte et menacée à terme par la disparition des marais qui servent de frayères à certaines espèces de poisson. Éclairés par les milieux scientifiques, qui ont amélioré la connaissance du fonctionnement des estuaires depuis une vingtaine d'années, ils ont rejoint — quoique peu nombreux — les mouvements de protection de l'environnement qui dénoncent le gaspillage de l'espace et la dégradation de milieux où vit une avifaune que l'on entend protéger. En apparence paradoxale, cette approche est également celles des associations de chasseurs qui voient se réduire le stock de gibier d'eau et les lieux où l'on peut les chasser. Ce front commun a trouvé à Bruxelles et au ministère de l'Environnement les appuis qui lui fournissent un argumentaire juridique pour freiner ou paralyser les ambitions territoriales des ingénieurs des ports (et de ceux, plus souvent silencieux, qui vivent de l'activité portuaire).

Les causes de conflit sont multiples; elles valent surtout dans les pays développés, mais s'élargissent de plus en plus à l'ensemble de la planète. Ces conflits traduisent des antagonismes économiques qui sont de toutes les époques. Ils traduisent de plus en plus un conflit fondamental qui oppose ceux qui considèrent que la nature doit être maîtrisée au seul profit de l'homme (de ses intérêts économiques et matériels) à ceux qui, au contraire, voient dans le respect de la nature l'une des bases d'un développement durable. C'est de ce conflit constaté que les États et la communauté internationale ont tiré argument pour promouvoir une gestion intégrée des zones côtières garantissant le futur de ces lieux attractifs.

SYNTHÈSE

La mondialisation des économies, favorisée par le progrès technologique, a renforcé le tropisme littoral et l'intérêt porté aux océans. Ces derniers sont l'objet de convoitises et sont contrôlés de façon plus ou moins étroite par les grandes puissances : les États-Unis n'ont plus guère d'adversaire. Pourtant, dégradations diverses et conflits d'usage prolifèrent. Les pollutions affectent la qualité du milieu côtier, l'exploitation trop intensive diminue les ressources halieutiques et rend la compétition entre flottilles plus âpre. L'espace lui-même est affecté, par l'essor d'un tourisme toujours en quête de qualité, mais finalement peu regardant dans la sélection des sites qu'il occupe, et par les besoins des divers secteurs socio-économiques liés à la côte, aquaculteurs, portuaires, industriels. Face à ces appétits croissants montent les mouvements de protection de la nature et de l'environnement.

Pour en savoir plus

J. CATANZANO et O. THEBAUD, *Le littoral, pour une approche de la régulation des conflits d'usage.* Paris, Institut océanographique-Ifremer, 1995	Pour les quelques études de cas.
J. CHAUSSADE, *La mer nourricière : enjeu du XXIe siècle.* Champtoceaux (chez l'auteur), 1996	Un bilan et des perspectives.

A. LE SANN (sous la dir.), *Du Nord au Sud, pêcher pour vivre.* Lorient, Pêche et développement, 1995	Une série de 45 fiches très pratiques pour comprendre la pêche.
A. VIGARIÉ, *La mer et la géo-stratégie des nations.* Economica, 1995	Une présentation planétaire mettant l'accent sur l'importance de l'océan.
Mer et Littoral	Une revue grand public attentive aux usages en mer et sur les côtes.

9

VERS UNE GESTION INTÉGRÉE DES MERS ET DES LITTORAUX ?

L'heure n'est plus à l'optimisme en matière de mise en valeur des océans et des côtes. Le temps où l'homme croyait pouvoir tout faire sans contrainte est révolu. Comment assurer le maintien d'activités peuplantes sur le littoral sans en altérer les qualités attractives ? Comment continuer à exploiter les ressources des océans tout en laissant aux espèces animales le temps de se renouveler? En un mot, comment ne pas affecter les stocks et assurer à l'humanité un développement durable ? De qui doit-on attendre des solutions ? De la sagesse de ceux qui exploitent la ressource ou de celle des nations ?

La voie américaine : le consensus à tout prix (page 120)

Le Congrès américain a défini, en 1972, un certain nombre d'objectifs allant dans le sens d'un développement durable de sa zone côtière. La voie américaine est pragmatique; elle insiste sur la volonté commune des utilisateurs de continuer à vivre ensemble sur le littoral. Tous les choix sont possibles, mais tous doivent être discutés.

La politique française : le primat de la réglementation (page 123)

La France, tout en affirmant depuis le rapport Piquard de 1973 la nécessité d'une gestion durable de l'espace côtier, hésite en permanence entre la voie réglementaire, qui impose des règles d'utilisation, et une planification de l'espace littoral, qui suppose que soient abordés et résolus les conflits d'usage.

Une charte pour la gestion des océans et des côtes (page 127)

Face à la dégradation des milieux océaniques et côtiers, la communauté internationale tente de faire prendre conscience à l'humanité de ses responsabilités. Elle a exposé quelques principes simples plaçant la gestion intégrée des mers et des côtes dans la perspective d'un développement durable, qui assure aux générations futures les mêmes possibilités d'exploitation et de jouissance de la mer qu'à la génération actuelle.

La voie américaine : le consensus à tout prix

Voté par le Congrès américain le 27 octobre 1972, le Coastal Zone Management Act a été régulièrement modifié, amendé depuis cette date par une série de *public laws* (1975, 1976, 1977, 1978, 1980, 1984, 1986, 1988, 1990). Ces amendements résultent en fait de l'esprit même du document, qui cherche à concilier des intérêts que l'on pourrait croire inconciliables.

Les objectifs

Le Congrès a défini toute une série d'objectifs. Le texte voté en 1972 est assez long, beaucoup plus en tout cas que ne l'est la loi française du 3 janvier 1986. Il est à la fois pragmatique et d'une large portée philosophique touchant à l'organisation de l'espace. La zone côtière est définie comme étant composée des eaux côtières (à la limite des eaux territoriales) et des terres adjacentes qui se trouvent à la limite des aires dont le développement peut affecter la qualité des eaux marines « de façon directe et significative ».

Le Coastal Zone Management Act considère que :

– la gestion, l'utilisation à des fins économiques, la protection et le développement de la zone côtière sont d'intérêt national ;

– la zone côtière est « riche de ressources » pour le bien-être présent et futur de la nation. Ces ressources sont (dans l'ordre du texte) d'ordre naturel, commercial, récréatif, écologique, industriel et paysager ;

– la pression croissante sur cette zone, due à l'augmentation de l'activité économique, inséparable de celle de la population, a eu les effets suivants : diminution de la ressource biologique marine (affectant aussi bien les espèces que les zones d'intérêt biologique majeur) ; transformation constante et regrettable des écosystèmes, diminution des espaces accessibles au public, érosion côtière ;

– la zone côtière est écologiquement fragile et, par conséquent, très exposée aux effets de l'anthropisation ;

– le patrimoine écologique, culturel, historique et esthétique, essentiel à la vie de la population de la nation tout entière, a subi d'importantes et parfois irréversibles atteintes ;

– comme la demande d'espaces et de biens va croissant, la zone côtière est désormais placée sous contrainte permanente. Les conflits effectifs ou potentiels en matière d'utilisation doivent être gérés ;

– des espaces naturels de haute valeur sont menacés par une mauvaise définition des objectifs du développement ;

– aucun des cadres réglementaires n'est actuellement capable de résoudre les problèmes posés par la croissance de la demande comme par la nécessaire protection des espaces sensibles.

Pour le Congrès, le seul moyen d'assurer à la fois la protection et l'utilisation des ressources terrestres et marines de la zone côtière est d'encourager les États à exercer une autorité pleine et entière sur ces milieux et espaces ; pour cela, il faut les aider, en liaison avec les niveaux fédéraux et locaux du pouvoir, à promouvoir des programmes spécifiques à ces milieux propres à la zone côtière.

Mettre en valeur les ressources de la zone côtière

En résumé, le Coastal Zone Management Act ambitionne de préserver, protéger, développer, restaurer ou mettre en valeur les ressources de la zone côtière nationale, maintenant et pour les générations futures. Il veut encourager et aider les États (Caroline, Floride, Washington...) à agir en toute responsabilité dans leur zone côtière, en mettant sur pied d'abord, en pratique ensuite, des programmes de gestion dont le but devra être une utilisation sage des ressources maritimes et terrestres de la zone. Ces programmes devront accorder une attention pleine et entière aux valeurs écologiques, culturelles, historiques et esthétiques comme aux besoins d'un développement économique harmonieux que les programmes doivent prévoir.

Le texte veut également encourager la préparation de plans de gestion spécifiques aux zones exposées (secteurs marqués par une subsidence active, ou une élévation du niveau des mers...). Il entend développer la participation de tous, citoyens, autorités administratives, des États ou inter-États comme des agences fédérales, dans la mise en œuvre d'une politique effective à l'égard de la zone côtière. Il entend enfin encourager la coordination des travaux entre ces mêmes niveaux nationaux et des organisations internationales ayant les mêmes objectifs en matière de gestion de la zone côtière.

Ce document a une portée générale très incitative, mais les amendements successifs ont apporté des précisions très significatives. On en veut pour preuve le détail que livre aujourd'hui l'article 2, après les derniers amendements de 1990. Le texte renforce les dispositions protectionnistes. En effet, il indique que les programmes adoptés doivent assurer la protection des ressources naturelles, en toutes lettres « zones humides, plaines côtières inondables, estuaires, plages, dunes, îles-barrières, récifs coralliens ; poissons et toute espèce sauvage dans son cadre de vie ». Ces mêmes programmes doivent également atténuer au maximum les pertes causées par un aménagement défectueux (dans ses diagnostics) ayant entraîné une exposition à des risques majeurs tels que l'inondation, l'érosion, l'exposition aux ouragans. Ils doivent aussi mettre l'accent sur tout ce qui peut améliorer la qualité des eaux dont la dégradation affecte la qualité de la vie des espèces qui s'y développent.

Le jeu des acteurs

Les partenaires

– Les États côtiers, au sein desquels pèsent ceux qui se sont le plus investis dans la définition de la politique (Californie, Maryland, New Jersey, Caroline du Nord et Oregon). Ces États ont à la fois des représentants très convaincus à Washington et des gestionnaires enthousiastes sur le terrain.

– Les groupes de défenseurs de l'environnement (Coastal Environmentalists), au sein desquels cohabitent des universitaires, des associations nationales indépendantes et des avocats très engagés dans la défense de l'environnement. Un appui leur est assuré au niveau fédéral par des agences comme le Fish and Wildlife Service, particulièrement convaincues de la nécessité de renforcer le côté « protectionniste » du texte.

– Les groupes « professionnels » qui sont engagés dans les activités économiques les plus directement liées à la mer et à la côte. On peut citer parmi eux l'American Petroleum Institute, la National Association of Homebuilders et l'US Corps of Engineers.

– Les sections du Congrès en charge des questions littorales, par exemple le House Merchant Marine and Fisheries Committee et le Senate Commerce Committee. Ces sections se sont fortement engagées, dès l'origine, dans la mise en place et le développement d'une véritable «politique» de la côte. Elles ont aussi joué le rôle d'intermédiaires entre les autres partenaires.

– L'état-major de l'Office of Ocean and Coastal Resource Management (OCRM), véritable pivot du système car il est responsable de la dynamique donnée au texte à l'échelle nationale. Or cet état-major est constitué à la fois de fonctionnaires, très investis dans l'application de la politique définie, et de politiques, nommés par le gouvernement et qui, à ce titre, peuvent ne pas partager les vues desdits fonctionnaires.

Le jeu entre ces différents partenaires est fort subtil; il est toujours évolutif. En effet, tel que résumé dans l'organigramme *(fig. 40),* ce jeu dépend :

– des objectifs que se fixent les différents partenaires. Ce sont pour les uns, l'aménagement de l'espace, pour en tirer profit, pour d'autres, la nécessaire conservation de la nature. Mais il faut aussi tenir compte de l'indépendance jalouse des États comme des ambitions du gouvernement qui, gardien des crédits, n'a pas forcément, une politique clairement définie;

– de l'imprévisibilité des événements extérieurs (par exemple, de la crise de l'énergie dans les années 1970 et de la nécessité de revoir périodiquement le texte);

– des débats qui accompagnent ce processus.

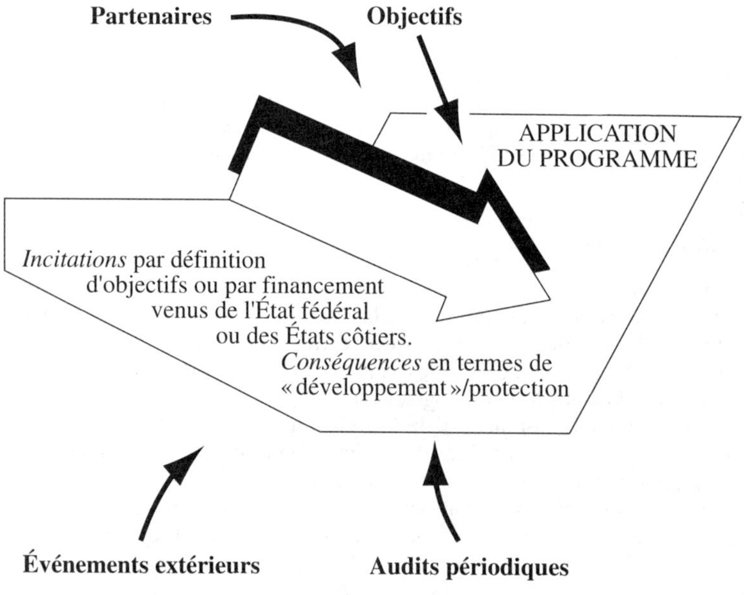

Fig. 40 – **Le jeu des acteurs du Coastal Zone Management Act**

L'application du programme côtier est au cœur de l'organigramme, avec ce qui en fait son originalité : les deux types d'objectifs, d'ordre économique et d'ordre protectionniste, souvent antagonistes ; les actions fédérales et locales qui sont en partie liées aux possibilités de financement.

La pratique

En vingt-cinq ans, la cause de la gestion de la zone côtière a beaucoup progressé aux États-Unis. Il s'agit bien de gestion de l'espace et des activités qui s'y développent. Il ne s'agit pas d'aménagement, en ce sens que la planification des activités dans l'espace n'est pas une priorité affichée. Tout est possible, à condition de faire l'objet d'une négociation permanente entre protagonistes autour d'un projet. Aucun n'est mauvais *a priori :* s'il l'est, on peut l'amender grâce à la procédure des *public hearings* qui assurent la transparence des objectifs. Le Coastal Zone Management Act est pragmatique ; il n'est fondé sur aucune idéologie concernant la nature et ses formes de mise en valeur. Aux acteurs de faire preuve de sagesse et de persuasion. Il est cependant perçu actuellement comme plus performant sur le plan de la protection de l'environnement que sur celui de sa mise en valeur. Les acteurs économiques restent méfiants à l'égard d'une pratique qui peut heurter leur conception du libéralisme.

En bilan, la pratique est exemplaire, mais son principal intérêt est dans le volontarisme qui l'anime. À chaque partenaire de convaincre qu'une gestion de la zone côtière doit être durable à travers les brochures qu'il diffuse et les actions mises en œuvre.

La politique française : le primat de la réglementation

En France, depuis la fin des années 60, c'est l'État qui définit les cadres d'une politique du littoral, après consultation des différents groupes d'acteurs. Cela aboutit progressivement à jeter les bases d'une gestion intégrée.

Les prémices : le rapport Piquard

En novembre 1973, le gouvernement français publie un court rapport rédigé par un conseiller d'État, Michel Piquard. Ce dernier pilotait un groupe d'études chargé de trois tâches principales :

– décrire la situation du littoral français (activités qui s'y déploient, sites qui le constituent et impacts des activités sur les sites) ;

– recenser les facteurs de mutations probables pour les prochaines années ;

– élaborer un diagnostic d'ensemble et proposer une politique reposant sur l'aménagement en profondeur d'une part, sur « quelques moyens et quelques mesures » d'autre part.

Ce rapport ne donne pas une définition précise du littoral. Il en fait une description variée : zone d'activités dynamiques à des degrés divers ; « succession de sites dont chacun a une personnalité, suscite l'admiration, l'attachement passionné » ; « patrimoine exigu et précaire » ; milieu dont la richesse est fragile. L'état des lieux montre ainsi les forces et les faiblesses du littoral français dans une conjoncture (celle des Trente Glorieuses) plus favorable au développement économique qu'à la protection de l'environnement. Cependant la notion de préservation est évoquée : « Il paraît indispensable de préserver pour les générations futures le libre accès et l'intégrité des sites les plus remarquables. »

Ainsi, dès le début des années soixante-dix, il y a en France une prise de conscience de la nécessité d'une gestion durable du littoral. Mais l'État ne peut envisager de casser le développement économique du littoral, il doit seulement en atténuer les excès. La politique française qui se met en place lentement est toute d'équilibre entre les protagonistes et les fonctions.

Les propositions

Le rapport Piquard n'est pas destiné à imposer mais il fait deux types de propositions :

– créer deux outils nouveaux : le Conservatoire de l'espace littoral d'une part, des bases littorales de loisirs et nature d'autre part ;

– définir cinq autres mesures, destinées à « mieux éclairer les décisions » :

· l'étude de variantes d'utilisation du littoral pour les grands équipements,
· la consultation d'experts de l'écologie,
· la coopération intercommunale pour les POS,
· l'étude expérimentale de schémas d'aptitude et d'utilisation de la mer,
· la formation permanente des agents de l'aménagement.

Ce rapport constitue un document très important pour le littoral français puisqu'il marque la prise de conscience de l'État sur les nécessités d'une action en profondeur. Si les propositions peuvent sembler disparates, elles mettent l'accent sur des dysfonctionnements afin d'attirer l'attention des autorités. Par exemple, bien que la protection de l'environnement ne soit pas directement évoquée, il doit être fait appel à des experts en écologie pour beaucoup d'opérations d'aménagement. C'est ainsi reconnaître que bien des choses se sont faites auparavant dans l'ignorance des contraintes écologiques. Dans un autre ordre d'idées, recommander des actions intercommunales dans la mise en place des plans d'occupation des sols, c'est aussi reconnaître qu'un grand nombre de communes sur le littoral français ne font que répéter à l'infini les mêmes erreurs dans la gestion de l'espace, le découpage administratif recoupant sans réflexion la diversité des milieux. L'une des conséquences les plus importantes est ainsi dans le mitage de l'espace par l'urbanisation.

Proposer que des schémas d'aptitude à l'utilisation de la mer soient élaborés tend également à inverser le regard des autorités sur le littoral. Au lieu de penser l'espace en arrière du trait de côte et dans une perspective qui ne peut être, en bien des endroits, que celle du développement touristique, il incombe à l'État de chercher à gérer l'espace à partir de la mer. C'est aller dans le sens d'une mise en valeur plus conforme à des potentialités naturelles et c'est surtout aller au devant des conflits d'usage de la mer et du littoral qui sont à l'origine de nombreux gaspillages, de la ressource comme de l'espace.

Les axes de la politique française de gestion du littoral

Réglementer

La France, depuis les années soixante-dix, a pratiqué la réglementation selon deux méthodes.

1) En rappelant à son administration qu'il y avait un certain nombre de règles à respecter : ce fut l'objet de circulaires et de directives. Ces documents mirent l'accent sur deux éléments essentiels : l'existence de milieux singulièrement fragiles (les milieux humides, par exemple) et les risques d'une urbanisation insuffisamment encadrée.

2) En définissant une bande de l'ordre de 100 mètres réputée inconstructible, pour préserver, avant que la loi ne le précise directement, les sites et les paysages. Au fond, il s'agit à la fois de réhabiliter la nature en bord de mer et de la rendre accessible à tous.

La loi du 3 janvier 1986 est venue compléter un dispositif réglementaire jugé trop peu efficace. Dans l'article 1, qui porte sur la protection, l'aménagement et la mise en valeur du littoral, elle insiste sur la nécessité de protéger les espaces les plus caractéristiques et remarquables du littoral, manière de les mettre hors urbanisation. Elle cherche également à limiter l'extension du bâti en posant le principe des capacités d'accueil. Elle intervient donc à la fois dans le domaine quantitatif en visant à limiter les aires urbanisables, et dans le domaine qualitatif à partir de seuils qui définissent, au fond, le passage du supportable à l'insupportable, dans la logique d'un développement durable, puisqu'il s'agit moins d'interdire que de préciser que, à partir d'un certain seuil d'occupation de l'espace, ce qui attirait devient franchement répulsif.

Article 1 de la loi sur le littoral du 3 janvier 1986

«Le littoral est une entité géographique qui appelle une politique spécifique d'aménagement, de protection et de mise en valeur.
La réalisation de cette politique d'intérêt général implique une coordination des actions de l'État et des collectivités locales, ou de leurs groupements, ayant pour objet :
– la mise en œuvre d'un effort de recherche et d'innovation portant sur les particularités et les ressources du littoral;
– la protection des équilibres biologiques et écologiques, la lutte contre l'érosion, la préservation des sites et paysages et du patrimoine;
– la préservation et le développement des activités économiques liées à la proximité de l'eau, telles que la pêche, les cultures marines, les activités portuaires, la construction et la réparation navale et les transports maritimes;
– le maintien ou le développement, dans la zone littorale, des activités agricoles ou sylvicoles, de l'industrie, de l'artisanat et du tourisme.»

L'esprit de la loi sur le littoral est entièrement dans son article premier : peut-on à la fois protéger l'environnement et assurer la mise en valeur économique du littoral ? C'est toute la difficulté. On notera qu'il y a dans l'article 1 une certaine hiérarchie qui place la protection des équilibres biologiques et écologiques avant toutes les formes du développement économique. On notera également que l'activité touristique est placée en dernière position, manière de constater qu'il s'agit sans doute de l'activité la plus contraignante pour l'environnement littoral. On retrouve au moins l'esprit de la gestion à l'américaine, perçue comme privilégiant les aspects les plus protecteurs pour l'environnement.

Protéger

La protection du littoral fait l'objet d'une attention particulière de la part de l'État et des collectivités territoriales. Elle passe par plusieurs canaux.

Le Conservatoire du littoral et des rivages lacustres a été créé par une loi du 10 juillet 1975. Il a pour mission de « mener dans les cantons côtiers et dans les communes riveraines des lacs et des plans d'eau d'une superficie au moins égale à 1 000 hectares, une politique foncière de sauvegarde de l'espace littoral, de respect des sites naturels et de l'équilibre écologique ». Sa création implique une forme d'appropriation des espaces jugés les plus dégradés ou les plus menacés, en collaboration avec les collectivités territoriales : cette appropriation a l'ambition de soustraire des terrains à l'urbanisation mais non de les interdire à la fréquentation. Le Conservatoire du littoral est donc un acteur à part entière de la gestion et de la mise en valeur de l'espace : il réhabilite les espaces dégradés, comme par exemple les milieux dunaires, puis il les ouvre au public. C'est aussi une véritable pédagogie de la nature et des paysages qu'entreprend le Conservatoire : il s'agit d'exposer les vertus d'un bord de mer rendu aux éléments naturels.

Développer et mettre en valeur

C'est l'objectif des schémas de mise en valeur de la mer (SMVM). Ces schémas constituent un dispositif réglementaire, voulu par l'État, soucieux d'une gestion plus harmonieuse de la zone côtière. Leur originalité est dans leur définition : ils portent sur une partie de territoire qui constitue une unité géographique et maritime. Leur ambition est toute entière dans l'article 3 du décret qui les met en place.

Article 3 du décret du 5 décembre 1986
portant sur les schémas de mise en valeur de la mer

« Le rapport décrit la situation existant dans le périmètre délimité par le schéma, notamment l'état de l'environnement et les conditions de l'utilisation de l'espace marin et littoral. Il indique les principales perspectives d'évolution de ce milieu.

Il définit et justifie les orientations retenues en matière de développement, de protection et d'équipement à l'intérieur du périmètre. À cet effet, il détermine la vocation générale des différentes zones et notamment celles qui sont affectées au développement industriel et portuaire. Il précise les vocations des différents secteurs de l'espace maritime et les conséquences qui en résultent pour l'utilisation des diverses parties de l'espace qui lui sont liées. Il définit les conditions de la compatibilité entre les différents usages de l'espace maritime et littoral.

Il mentionne les projets d'équipement et d'aménagement liés à la mer, tels que les créations et extensions de ports et les installations industrielles et de loisirs, en précisant leur nature, leurs caractéristiques et leur localisation ainsi que les normes et prescriptions spéciales s'y rapportant.

Il précise les mesures de protection du milieu marin. Il peut prescrire les sujétions particulières portant sur des espaces maritime, fluvial et terrestre attenant, si elles sont nécessaires à la préservation du milieu marin et littoral et particulièrement au maintien des équilibres biologiques. »

Il s'agit donc bien d'un essai de planification spatiale, dans la lignée des schémas d'aptitude et d'utilisation de la mer, envisagés par le rapport Piquard et jamais mis en place de façon officielle. L'article 3 du décret du 5/12/1986 montre que le SMVM porte sur la mer et le milieu marin plus que sur la terre. Le SMVM doit aussi faire l'objet d'une concertation qui, là encore, permet de le présenter comme un véritable essai de gestion des conflits d'usage de l'espace littoral et marin. Dans le cas du schéma de la Charente-Maritime, on peut voir dans la constitution du groupe de travail que l'éventail des usagers du littoral est large. L'État et les collectivités territoriales, les milieux socioprofessionnels et des organisations non gouvernementales comme les associations de protection de la nature ou les fédérations de chasseurs sont représentés. Dans l'esprit, les schémas représentent donc une procédure originale et novatrice.

Composition du groupe de travail SMVM du littoral charentais de la pointe de Saint-Clément à la pointe de Suzac

– deux représentants de chaque administration concernée, dont le chef de service ;
– un ou plusieurs représentants désignés par les assemblées de collectivités territoriales ;
– un représentant élu des assemblées consulaires ;
– un représentant d'organismes socioprofessionnels ;
– un représentant désigné par l'organe de direction des établissements publics intéressés (par ex. : CNRS, Ifremer, Inra) ;
– un représentant dans le département des associations concernées choisies parmi celles agréées au titre de l'article 40 de la loi du 10/7/1976 et de l'article L160-1 du Code de l'urbanisme.

À l'heure actuelle, seul le SMVM de l'étang de Thau a un caractère officiel. Les autres (baie de Bourgneuf, pays Bigouden, Charente-Maritime…) n'ont pas abouti, tant les désaccords semblent forts entre les différents protagonistes. L'État, soucieux d'une meilleure prise en compte de la qualité de l'environnement, se heurte aux intérêts divergents des milieux socioprofessionnels, qui trouvent un appui dans le monde politique au niveau local.

Une charte pour la gestion des océans et des côtes

Si un certain nombre de pays se sont préoccupés d'une meilleure gestion de leur zone côtière depuis deux décennies, ce fut avec des succès divers. Les organisations non gouvernementales, à l'exemple de la fondation Cousteau, recueillent plus de suffrages que la plupart des pays concernés par tel ou tel problème. L'impuissance des États a pour corollaire un effort accru des grands organismes internationaux : c'est de leur action que procèdent un certain nombre de propositions depuis le début des années quatre-vingt-dix.

politique qu'est d'abord exposée la nécessité d'une gestion intégrée de la zone côtière et des océans.

La Conférence de Rio de Janeiro (juin 1992) et la protection des océans

Lors du Sommet de la terre de Rio, la Conférence des Nations-Unies sur l'environnement et le développement a fait un certain nombre de propositions concernant la protection des océans (agenda 21, chapitre 17). Sous ce titre on entend de façon explicite les océans, toutes les mers, fermées aussi bien que semi-fermées, et les zones côtières. Le but affiché est la protection, l'usage rationnel et la préservation de la ressource vivante dans une perspective d'exploitation durable.

Le document publié lors de la conférence rappelle dans sa formulation ce qu'est le Coastal Zone Management Act des États-Unis. Il témoigne à la fois d'une mondialisation désormais affirmée au niveau de la gestion de l'environnement, mais aussi d'une certaine forme de domination, sinon des États-Unis, du moins des modes de pensée des Anglo-Saxons à propos des usages qu'il convient de faire de la nature.

Des objectifs clairs

– promouvoir une gestion intégrée pour un développement économique durable des zones côtières ;

– protéger l'environnement des océans ;

– assurer la conservation des ressources de l'océan dans la perspective d'une exploitation durable ;

– assurer, de la même manière mais dans la zone de responsabilité des États, la conservation de ces mêmes ressources ;

– renforcer la coopération internationale à tous les niveaux, local comme régional ; faire en sorte que les efforts allant dans le sens de la gestion intégrée des zones côtières, des mers et des océans soient l'objet d'une coordination entre les États riverains ;

– assurer le développement économique durable des petites îles.

La communauté internationale a donc pris conscience des redoutables problèmes que posait une exploitation irraisonnée des mers et des littoraux. Elle insiste sur la nécessité d'une gestion durable (pour que les générations futures disposent du même potentiel de mise en valeur de la planète que la génération actuelle) et sur l'obligation d'une gestion intégrée. Concept qui exige à la fois que toutes les activités concernées par les côtes et les océans soient prises en compte à travers leurs représentants et que les États coordonnent leurs efforts. C'est, selon le concept anglo-saxon, une procédure qui part des autorités supérieures, État et communauté d'États *(top-down)* mais qui doit s'ancrer dans les préoccupations quotidiennes des groupes socio-économiques *(bottom's up).* Le meilleur moyen pour parvenir à rapprocher les différents protagonistes est d'établir des diagnostics de compatibilité des usages.

Les conférences régionales

C'est, à l'évidence, une ambition considérable mais qui traduit bien les enjeux du prochain millénaire. Des conférences régionales ont lieu désormais

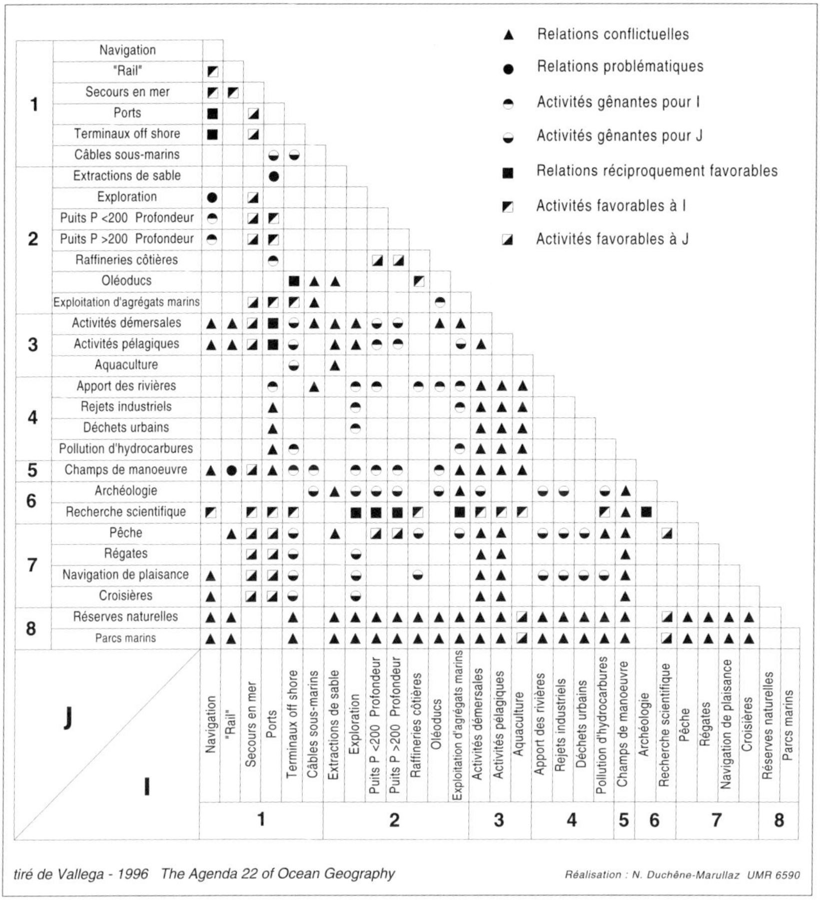

Fig. 41 – **Grille de comptabilité/incomptabilité des usages de la mer en Méditerranée**

périodiquement, qui cherchent à faire le bilan des politiques développées par les États (par exemple, plan pour la Méditerranée), et la communauté européenne s'est penchée sur ce problème.

Un effort particulier est fait pour l'information, et il est évident que c'est à une véritable « révolution culturelle » qu'appelle la gestion intégrée des littoraux, tant elle heurte des intérêts puissants et surtout des habitudes profondément ancrées. Il faut y voir, au-delà de la question de l'avenir des mers et des côtes, l'un des effets de la mondialisation. Mais c'est aussi une manière de reconnaître que les océans et les rives qui les bordent forment bien le cœur de la planète. Chaque conférence internationale (comme par exemple, celle de Kyoto en décembre 1997) insiste sur cet impératif.

Conclusions du Conseil européen sur l'aménagement intégré des zones côtières 18/12/1995 – Doc. 12998/5

« **Art. 6.** Souligne que, afin d'assurer l'intégration du concept de développement durable dans la politique des zones côtières et pour assurer le plus grand profit possible du programme, celui-ci devra considérer de façon adéquate les éléments suivants :
– s'appuyer sur les expériences les plus avancées en matière de gestion intégrée des zones côtières dans les pays de l'Union ;
– tenir compte de la diversité des situations du littoral européen, sur le plan économique, social et environnemental ;
– tenir compte de la richesse et de la sensibilité écologiques du littoral ;
– sensibiliser les multiples acteurs qui influencent l'évolution du littoral ou qui sont concernés ;
– accorder beaucoup d'importance à la diffusion des résultats ;
– identifier les obstacles au développement durable des zones côtières.

SYNTHÈSE

Se pencher sur la gestion intégrée des océans et des zones côtières, c'est reconnaître l'importance particulière qu'ils représentent pour l'humanité. La variété des activités qui s'y développe est telle qu'elle amène à des abus, des pollutions et des gaspillages de la ressource vivante comme de l'espace. Des espèces disparaissent, que l'on cherche à protéger ; mais, au-delà des cas particuliers (les baleines, le mérou en Méditerranée, les coraux), il faut traiter l'ensemble. C'est l'ambition affichée par la communauté internationale lors de la Conférence de Rio de 1992 : elle y dresse un état des lieux de la planète et s'appuie sur diverses expériences nationales (États-Unis, France...) pour en marquer bénéfices et limites. C'est désormais à toutes les échelles de l'espace géographique qu'il importe de pratiquer une gestion intégrée des mers et des côtes.

Pour en savoir plus

H. COULOMBIE et J.-P. REDON, *Le Droit du littoral,* Litec, 1992	Pour un exposé exhaustif de la réglementation française.
A. MIOSSEC, *La gestion de la nature littorale en France atlantique, étude comparative (États-Unis, Royaume-Uni, Espagne et Pays-Bas).* Thèse de doctorat, 1993, tome 1	Pour une étude plus approfondie des politiques de gestion de la nature dans les pays d'économie développée.

D. LEGRAIN, *Le Conservatoire du littoral,* Actes Sud, 1997	Petite plaquette de présentation des objectifs, des moyens, des résultats.
Ocean and Coastal Management	Deux numéros spéciaux de cette revue permettent d'avoir une vision internationale : « Integrated coastal Management », vol. 21, n° 1-3, 1993 ; « Earth Summit implementation : progress achieved in oceans and coasts », vol. 29, n° 1-3, 1995.
B. CICIN-SAIN et R. KNECHT, *Integrated Coastal and Ocean Management concepts and practices* Island Press, 1998	Une somme et un bilan des expériences internationales et nationales.

DOCUMENTS ET MÉTHODES

LA POINTE DE LA COUBRE
Étude de carte

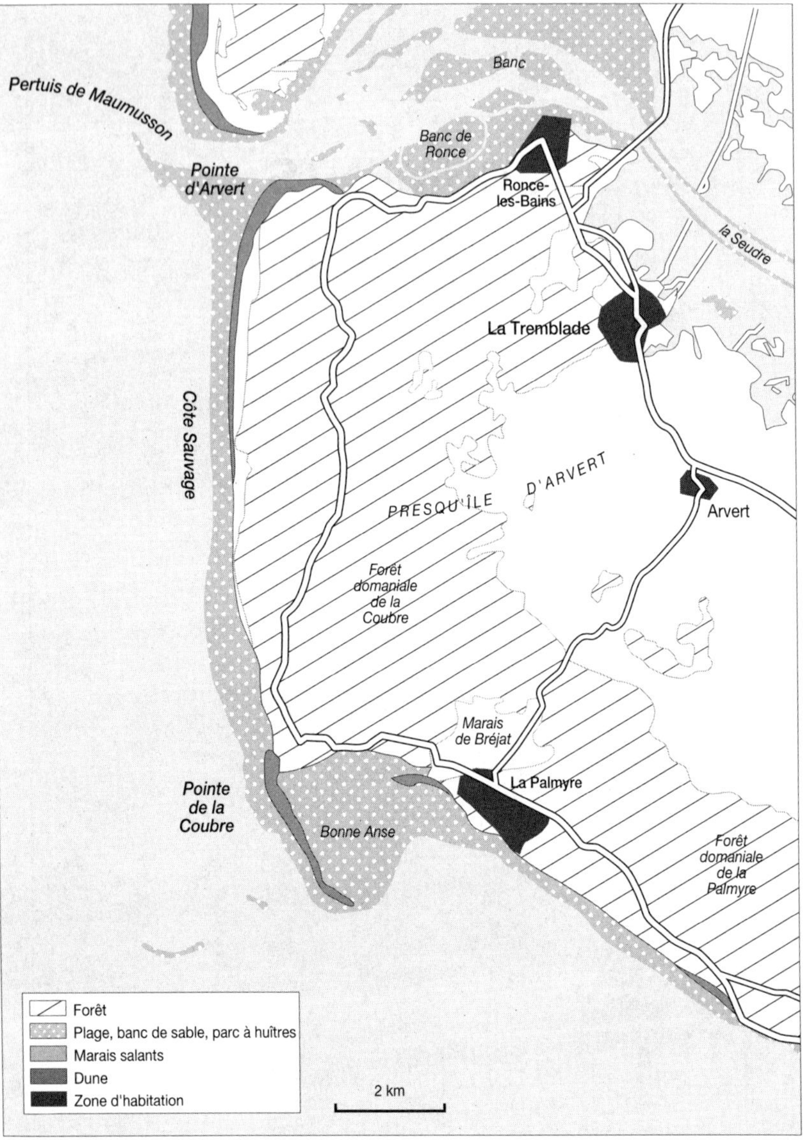

La pointe de la Coubre, en Charente-Maritime, forme actuellement l'une des plus belles flèches à pointe libre que l'on puisse trouver le long du littoral français. Son cas est d'autant plus intéressant que la formation de la flèche est récente et que les conséquences de sa mise en place et de son évolution sont nombreuses. Le commentaire permet d'illustrer à la fois l'importance du rôle des processus naturels et les effets de l'activité humaine dans l'estuaire de la Gironde.

Commentaire

Description

La pointe de la Coubre est une flèche sableuse d'environ quatre kilomètres de long. Elle s'oriente plein sud à partir de sa racine qui s'attache à la presqu'île d'Arvert avant d'obliquer vers l'est et de se recourber en direction du nord-est, fermant progressivement la cuvette de Bonne-Anse. Cette flèche n'existe pas au XIXe siècle, la carte de 1899 n'en faisant pas mention. En revanche, elle est déjà bien développée en 1938, et ce développement ne cesse de s'affirmer, aussi bien par la progression des crochets à la pointe que par la formation de dunes sur le corps, qui peuvent atteindre une altitude supérieure à 10 mètres dans la partie centrale, face à l'ouest.

Les conditions de la formation

Une telle forme d'accumulation exige du sable en abondance. La rapidité de sa mise en place et la vitesse de sa progression supposent d'importants volumes en transit. L'origine du sable est à rechercher dans l'importance du recul de la côte de la presqu'île d'Arvert, au nord. Située entre le pertuis de Maumusson et la Gironde, cette presqu'île est entièrement formée de sables dunaires, sur des épaisseurs parfois considérables. Cette partie de la côte recule très rapidement depuis le XIXe siècle, et l'on note des vitesses inconnues ailleurs en France, puisque la moyenne annuelle a été estimée à plus de 18 mètres par an depuis 1825. La vigoureuse érosion de la côte fournit du sable en abondance, et on a pu estimer le débit de sable entraîné par la dérive littorale à près d'un million de mètres cubes par an. L'érosion est telle qu'elle affecte également les petits fonds au large de la plage, dont l'approfondissement entretient à son tour le recul de la côte. Pour que l'érosion perdure, il faut que le sable soit évacué en permanence. Jusqu'à la fin du XIXe siècle, le sable s'étalait sur des bancs de direction ouest-est à l'embouchure de la Gironde. Aucune flèche n'était alors apparue car le débit du fleuve au jusant empêchait le dépôt du sable.

Pour que la flèche se forme, il a donc fallu que ces chenaux de marée migrent en direction du sud et laissent place à un espace au sein duquel le dépôt devenait possible. Avant sa migration, la Gironde fonctionnait comme un véritable épi hydraulique, mais, en migrant, elle a permis la progression du sable plein sud, mobilisé par la dérive (progression chaotique dans la phase initiale, qui vit parfois la rupture du corps de la flèche lors de tempêtes d'ouest). Une fois solidement enracinée, la flèche a d'abord progressé plein sud en suivant la migration du chenal, puis les houles réfractées sur les fonds ont fait pivoter la pointe en direction du nord-est, pivote-

Schéma d'évolution de la presqu'île d'Arvert

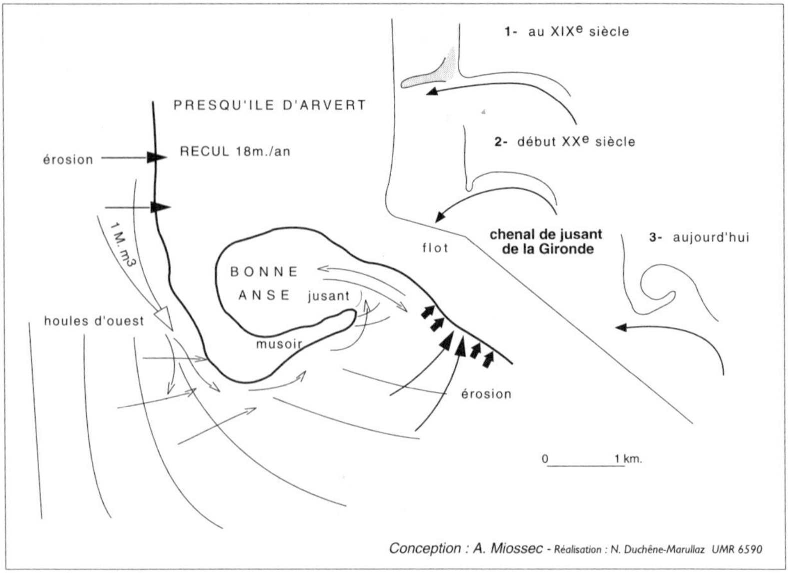

ment normalement entretenu par la diffraction des houles autour des crochets terminaux.

Une telle dynamique a ainsi donné naissance à une cuvette en voie de colmatage, celle de Bonne-Anse. En effet, la cuvette est envahie à marée montante par des eaux trop abondantes pour que la progression de la flèche ne ferme pas l'anse en entier : le courant de jusant entretient ainsi, le long de la côte de la Palmyre, un chenal qui se rétrécit. L'anse se colmate au rythme de 200 000 à 250 000 m³/an, et cette lagune pourrait être, à terme plus ou moins rapproché, transformée en un marais maritime dont on voit les prémices au revers de la dune, face à l'est. On ne peut espérer de modifications dans un avenir proche : le port autonome de Bordeaux entretient les profondeurs du chenal de jusant et assure ainsi le blocage de la flèche dans le tracé que nous lui connaissons aujourd'hui.

Tout cela explique la dernière conséquence de la construction de la flèche : le recul rapide de la côte au droit de la Palmyre. À marée haute, les houles, réfractées en avant de la flèche et diffractées au musoir de la flèche, viennent frapper de plein fouet le littoral sableux. Le recul est fort : 200 mètres en quarante ans (1950-1990), et pour l'heure irréversible. Une semblable évolution, qui n'était pas imprévisible, compromet l'avenir du petit port situé à l'entrée de Bonne-Anse et rend pour l'instant tout projet de nouveau port de plaisance à la Palmyre particulièrement hasardeux.

LES CORDONS DE GALETS DU HOURDEL
Étude de carte et de photographie

Les documents proposés s'appuient sur un extrait de la carte topographique au 1/50 000e de Saint-Valery-sur-Somme (baie de Somme), à laquelle on juxtapose une photographie aérienne de la pointe du Hourdel, qui va apporter au commentaire de la carte des éléments essentiels.

Commentaire

Étude de la carte topographique

L'examen de la carte topographique permet de constater l'existence d'un corps allongé, selon une direction qui passe du sud/nord à une orientation franchement sud-ouest/nord-est jusqu'au phare du Hourdel. Ce corps a une altitude qui ne dépasse guère les 10 mètres, sauf à l'ouest du petit village de La Mollière, où l'on note un point côté à 18 mètres. Ce mot, « mollière », revient à plusieurs reprises sur la carte, en particulier dans les zones les plus basses (les mollières d'aval) : il désigne, en Picardie, des espaces humides, voire vaseux. Ces espaces occupent l'essentiel de la carte et les canaux de drainage (d'où la toponymie : par exemple, le Marais) montrent que l'on est en présence de zones marécageuses mises en valeur par l'homme. Ces marais situés en contrebas du corps sédimentaire s'appuient au sud-est contre un talus rectiligne de direction sud-ouest-nord-est, et le plateau, qui le limite face au marais, s'abaisse progressivement vers le nord-est. Trois éléments forment donc le paysage : un corps arqué face à la mer, un marais largement occupé par l'homme et un plateau dont l'altitude atteint une quarantaine de mètres.

Étude de la photographie aérienne

La photographie aérienne montre d'abord ce qu'est le corps arqué : il s'agit d'une forme d'accumulation complexe, formée de toute une série de bancs de galets (1) accolés les uns contre les autres ou séparés par des dépressions humides, avec parfois de la végétation. Ces cordons de galets isolent un ensemble, original par sa couleur plus claire (2) : il s'agit de dunes mal tenues par la végétation et que borde la route. L'origine de ces dunes constitue l'une des énigmes apparentes de la carte puisqu'elles sont isolées des sources sableuses par les cordons de galets. Ces sources sableuses apparaissent toutefois (3) sous la forme de bancs manifestement submergés à marée haute, avec sans doute encore des dunes fonctionnelles (4). À l'ouest du corps sédimentaire, les taches plus claires des champs (6) caractérisent les dernières opérations de poldérisation : il y a en effet une digue (5) indiquée sur la carte. D'autres formes d'occupation sont visibles également : le petit village de Brighton, à la consonnance britannique, est une station balnéaire de peu d'importance (9). De grandes pièces d'eau marquent aussi le paysage : ce sont des carrières d'extraction

Photographie aérienne de la pointe du Hourdel

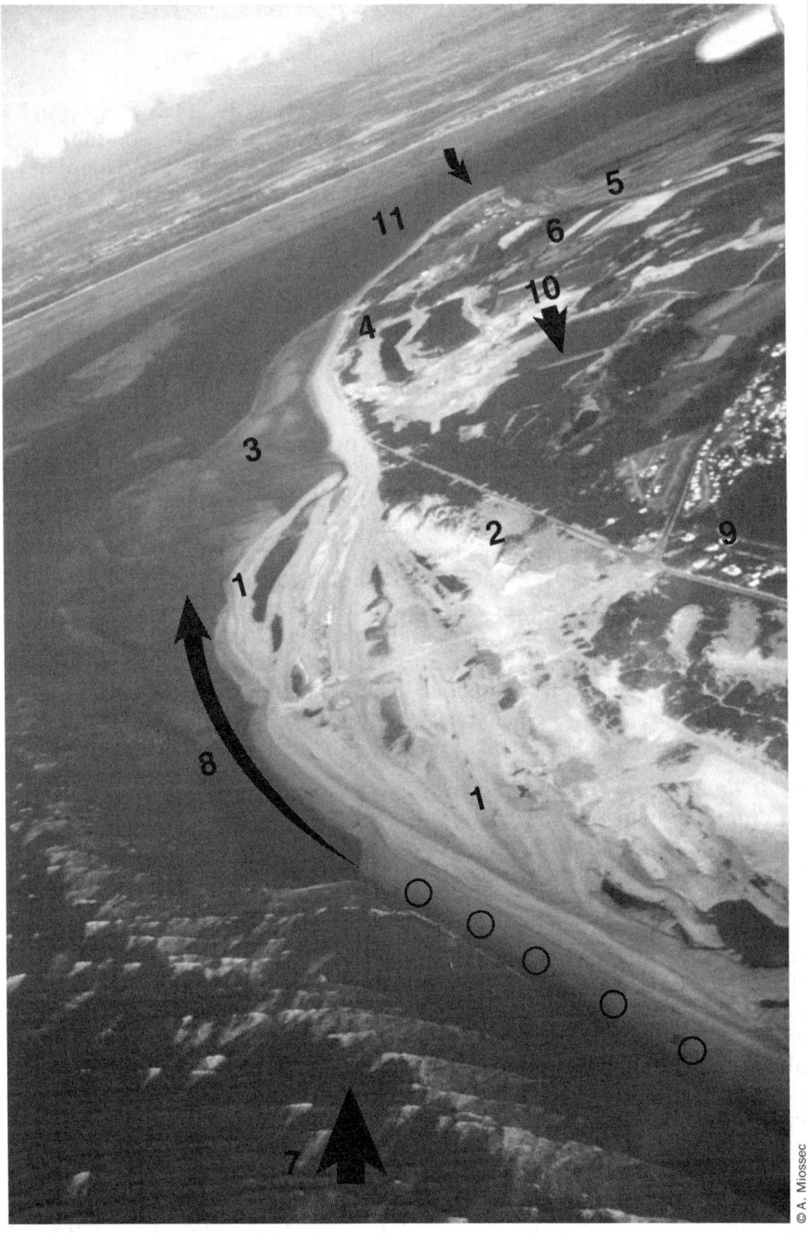

Carte topographique de Saint-Valery-sur-Somme (1:50 000)

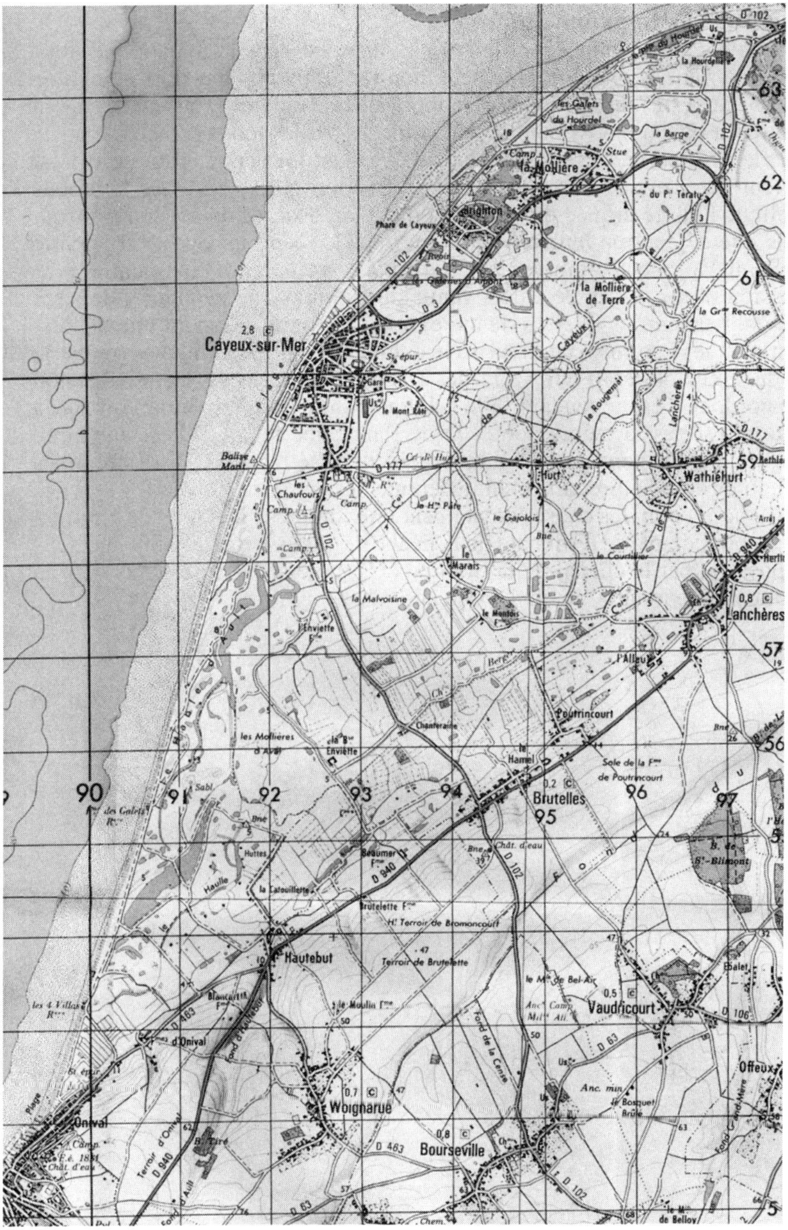

des galets, remplies d'eau car, actuellement, elles ne sont pas entretenues ; la nappe phréatique affleure donc à la surface.

Étude de la dynamique littorale

La clé de compréhension de ces paysages est dans la dynamique littorale, que seule la photographie peut montrer : on y voit des trains de houle (7) qui arrivent en oblique par rapport au trait de côte (les ronds sur la photo = les galets). Ces houles sont amorties par les fonds sableux, mais le déferlement permet la mobilisation des galets. La dérive littorale (8) est l'agent de transport des galets, et la réfraction qui s'opère sur les fonds explique l'allure arquée du cordon. En (1), on observe un cordon frais qui isole une dépression humide. C'est un modèle réduit de ce qu'est la carte de Saint-Valery-sur-Somme. En effet, cette carte montre comment la progression d'une masse de galets venue du sud (et issue des bancs de silex que contiennent les falaises de craie) a isolé progressivement une dépression dont les hommes ont favorisé le colmatage par les endigages (on parle ici de « renclôtures ») : il s'agit des Bas-Champs picards. La progression des cordons s'est cependant faite selon une direction qui, on le voit sur la carte, n'est pas la même que celle de l'ancienne falaise. C'est une autre énigme. Faut-il penser que cet escarpement a été façonné par des régimes de houles dont la direction était différente des actuels ?

Au nord enfin, les choses deviennent plus simples : la pointe du Hourdel est un poulier, partie terminale de la flèche de galets qui est maintenue dans sa position par le chenal de la Somme (11), noté sur la carte mais dont la photographie montre mieux l'existence.

LE JAPON ET LA MER
Dissertation

Conseils méthodologiques

Avant toute rédaction, le sujet doit être posé et cerné. La préparation doit porter en priorité sur la recherche des idées qui vont nourrir le plan, élément structurant de la dissertation. Parce qu'elle est lue d'abord, l'introduction exige un soin particulier : elle peut être entièrement rédigée au brouillon, mais elle ne doit l'être que lorsque l'on est prêt à rédiger le devoir. L'introduction doit porter sur l'ensemble de ce qui sera dit, elle doit annoncer le plan : on ne peut le faire efficacement que si ce plan a été pensé auparavant. Quant à la conclusion, elle doit obéir aux mêmes règles puisqu'elle fait l'objet d'une lecture aussi scrupuleuse que l'introduction. L'exercice est formel (même s'il n'est pas que cela), et le correcteur vérifie ainsi l'art de la construction dans le cadre qui lui est proposé.

Les étapes de la rédaction

Poser le sujet

C'est la première partie de l'exercice. Il faut cerner le sujet, en fixer les limites et jeter sur le papier les éléments de la connaissance qui paraissent indispensables. L'exercice suppose ces connaissances acquises au cours de l'année si, par exemple, le Japon fait l'objet d'une question de géographie régionale. On peut aussi proposer une autre démarche à titre d'exercice préparatoire : s'appuyer sur la dernière grande publication consacrée au Japon en langue française et y rechercher systématiquement les éléments qui vont entrer dans le sujet. On y adjoindra également, parce que c'est un facteur d'analyse incontestable, la consultation d'un annuaire statistique. D'autres ouvrages peuvent aussi être consultés, mais il est préférable d'éviter leur multiplication.

Ces deux ouvrages peuvent apporter de bonnes bases de connaissances sur le Japon :

– *Le Japon,* par Philippe Pelletier, deuxième partie du volume *Chine, Japon, Corée*, collection Géographie universelle (Belin-Reclus). Il est nécessaire de lire les pages 220 à 427 et d'y rechercher les paragraphes ou les chapitres consacrés à la mer et aux littoraux (par exemple, p. 224 : « Une civilisation de la mer » ; p. 231 : « L'île où l'on pêche le poisson » ; p. 342 : « Des Piémonts à la mer »). Il est aussi utile d'étudier les cartes susceptibles d'illustrer un développement (par exemple, p. 340 : « La planification des nouvelles zones industrielles ») et d'observer les photographies (par exemple, p. 380 : « Le littoral du Tokaïdo » ; p. 332 : « Les quais de Yokohama »).

– *Images économiques du monde,* SEDES, édition 1998. Dans la partie « Pays », trois pages concernent le Japon (p. 211-214). Les parties « Produits », « Flux et services » donnent aussi de nombreuses informations sur les thèmes abordés (pêche, ports, construction navale...).

Définir la problématique

Le sujet suppose une étude précise de l'ensemble des relations qui existent entre le Japon et la mer. Quelques faits doivent servir de base à la construction : ils sont les lignes directrices qui vont structurer le plan.

– Le Japon est un archipel situé en façade orientale du continent eurasiatique : la mer a-t-elle joué un rôle déterminant dans sa construction territoriale ? Est-elle un facteur essentiel d'intégration territoriale, par le biais du cabotage, par exemple, qui permet des liaisons plus aisées dans un contexte morpho-structural cloisonné et fortement montagneux ?

– La mer est une source de richesses sur le plan biologique. L'exploitation de l'océan constitue-t-elle une base importante du développement économique (pêche et aquaculture) ?

– L'industrie japonaise, très puissante, a joué un rôle essentiel dans le développement du pays à partir de l'ère Meiji (XIXe s.). Doit-elle sa puissance à des ressources nationales ou est-elle le fait d'une adaptation progressive à une situation de dépendance, en matières premières et en sources d'énergie, qui explique le développement des ports et des espaces industrialo-portuaires ?

Construire la dissertation

□ *Un exemple d'introduction*

« Avec ses milliers de kilomètres de côtes, ses îles dont la plus importante est Honshu, le Japon est un pays dont les relations avec la mer sont déterminantes. Pourtant, ce pays fut longtemps l'exemple d'un territoire fermé sur l'extérieur, et il fallut la révolution du Meiji au XIXe siècle pour que l'activité de négoce international devienne prépondérante. Traiter du Japon et de la mer relève donc en partie du paradoxe. Les Japonais sont-ils profondément liés par leur culture à la mer ? Ou bien doivent-ils à des circonstances particulières une orientation qui ne s'est pas démentie depuis le XIXe siècle et qui fait du Japon l'un des États les plus profondément concernés par la mondialisation des échanges ? Faut-il voir dans ce vaste mouvement qui intègre le pays dans le concert des États d'économie développée les effets d'une valorisation de ses ressources propres ou l'expression d'une recherche de matières premières pour ses industries et de débouchés pour ses productions ? À toutes ces questions, il n'est sans doute pas de réponse tranchée. La mer a joué un rôle dans la construction nationale et dans certaines formes de mise en valeur de l'espace : ce qu'une première partie s'efforcera de démontrer. Elle explique largement les localisations des grandes concentrations industrielles parce que l'espace — compté dans ces îles où les plaines ne représentent que 16 % de la superficie du pays — peut y être gagné à la suite d'opérations grandioses de remblaiement et d'endigage qu'une seconde partie exposera. »

□ *Un exemple de plan*

Première partie : la mer et l'intégration territoriale du Japon

I. Populations et peuplement par la mer : la mer intègre, la mer isole. L'idée directrice est d'opposer la mer comme facteur de déplacement le long des rivages de l'archipel et la mer comme facteur d'isolement vis-à-vis de l'extérieur.

II. L'exploitation de la mer proche : de la pêche aux formes de l'aquaculture. Un mode de vie.

Deuxième partie : la mer au service de la puissance économique

I. L'aboutissement d'une tradition d'exploitation de la mer, la pêche industrielle, les flotilles et l'océan mondial.

II. Des ressources nationales modestes : les bases et les moyens d'une politique fondée sur l'importation des matières premières. Le choix des importations (du minerai, de l'énergie ?). Les adaptations, par exemple dans les industries navales japonaises.

III. L'organisation régionale au service de la transformation des produits importés : les métropoles portuaires.

Rédiger une conclusion

□ *Un exemple de conclusion*

« Évoquer les relations que les Japonais entretiennent avec la mer revient en partie à s'interroger sur la culture profonde de ce pays. Est-il, en cette fin de second millénaire, l'expression achevée d'une thalassocratie ? Si l'expression recouvre des dimensions politiques, et pour tout dire « impériales », elle est certainement discutable car, même au temps de sa courte splendeur, entre 1941 et 1945, nul n'a vraiment utilisé ce concept géopolitique. Si, en revanche, elle exprime la volonté d'un pays, à travers ses dirigeants, de s'ouvrir à l'extérieur et de tirer progressivement de cet "outre-mer" l'essentiel de ses facteurs de développement, elle peut être utilisée. Ce qui explique la puissance navale à travers la flotte, la nécessité de construire des navires, la progressive mise en place de véritables plates-formes industrialo-portuaires et les mutations constantes de la structure industrielle. La géographie du Japon est largement une géographie de la concentration des activités et des hommes sur les littoraux. En déduire que la mer explique cette répartition est cependant beaucoup s'avancer. Un pays ne se réduit pas à cette forme de déterminisme géographique : l'histoire même du Japon contredit en partie le tableau un peu monochrome dépeint dans ces quelques paragraphes. »

L'INDISPENSABLE AMÉNAGEMENT DU LITTORAL
Étude de texte

Parmi les documents utilisés par les géographes, les articles de presse représentent une source de connaissance. La lecture de la presse permet de se constituer une base documentaire qui facilite la constitution de dossiers.

Le texte ci-dessous, paru dans *Le Monde* du 5-6 septembre 1993, concerne l'aménagement du littoral. Il a été rédigé par un homme politique, Antoine Rufenacht.

L'indispensable aménagement du littoral

*par Antoine Rufenacht**

① *Lors du comité interministériel qui s'est tenu à Mende le 12 juillet 1993, le gouvernement a annoncé le dépôt pour l'automne d'un projet de loi d'orientation sur l'aménagement du territoire. Il serait accompagné d'une charte nationale qui se proposerait de dessiner une nouvelle architecture du territoire, de penser de façon prospective la France de 2015 et prendrait en compte trois niveaux d'organisation : les zones rurales, les zones d'équilibre dotées de villes moyennes et les territoires sous influence d'une métropole.*

② *Une telle classification perpétue à l'évidence la dichotomie ville-campagne. Nous pensons pour notre part que cette perception spatiale du territoire, qui a le mérite de bien s'intégrer à la manière de penser communautaire, doit être complétée par une approche plus novatrice qui intégrerait des territoires à spécificités fortes. Je veux parler en particulier de la montagne et du littoral. Il est significatif de remarquer que ces deux ensembles ont fait l'objet, chacun en ce qui le concerne, d'une loi-cadre particulière visant à leur protection et leur aménagement — la montagne en 1984, le littoral en 1986.*

③ *Si nos campagnes méritent une attention particulière, du fait de leur dépopulation et de la déshérence des activités qui l'accompagne, le littoral, à l'inverse, paraît plus que jamais une zone d'attraction, de développement et de peuplement. La densité de population, l'accroissement démographique et la concentration de constructions de logements ou d'infrastructures routières en sont les signes les plus marquants.*

④ *Ce phénomène, de l'avis de tous, est appelé à s'accentuer. De vingt-cinq millions de touristes actuellement, nos côtes seraient appelées à en accueillir le double d'ici quinze ans. Le comité interministériel n'a fait aucunement référence au littoral. Or ce dernier constitue une grande richesse de la France en termes de gisements écologiques et économiques. Il est donc urgent que le fait littoral soit pris en compte au niveau national de façon significative.*

⑤ *L'Association nationale des élus du littoral (ANEL) s'y emploie avec détermination depuis sa fondation en 1979. Nous proposons qu'un cer-*

tain nombre d'objectifs clairs soient intégrés dans les réformes annoncées. Le gouvernement vient de faire savoir que l'enveloppe globale était portée de 51 à 67,7 milliards de francs. Les élus du littoral demandent dans ce cadre que les besoins en développement des régions côtières soient pris en compte de manière spécifique par les contrats de plan. Cela est vrai en ce qui concerne la politique de défense contre les dangers de la mer, dont l'État s'est complètement désengagé, du financement de l'aquaculture (notre pêche de demain), du réseau d'assainissement côtier, qui doit faire l'objet d'un très lourd effort financier de la part des stations. Mais également des infrastructures routières. À ce titre, la réalisation de la route bleue, qui doit aller de Calais à Hendaye, doit être prioritaire.

Dépasser le cadre de pensée hexagonal

⑥ *Il apparaît aujourd'hui également urgent que l'État se dote, à l'exemple du fonds d'intervention pour l'auto-développement en montagne (FIAM), d'un fonds interministériel à l'aménagement du littoral (FIAL) qui se conjuguerait aux dotations des contrats État-régions. Ce fonds serait géré par une structure spécifique.*

⑦ *Il n'est à ce titre que de prendre exemple sur l'institution originale que représente le commissariat à l'aménagement des Pyrénées ou celui dont la création annoncée du commissariat à l'aménagement et au développement des plateaux de l'Est. De même, le projet de loi réformant la DGF (dotation globale de fonctionnement) en réorientant les moyens financiers vers les communes sensibles ou sinistrées devra prendre en compte l'inégalité actuelle de traitement envers les collectivités littorales, inégalité que ne compense pas, tant s'en faut, l'actuelle dotation touristique. Rappelons que certains de nos villages doivent s'équiper de stations d'épuration correspondant à quinze fois la capacité nécessaire à leur population permanente.*

⑧ *La procédure exemplaire que constituent les schémas de mise en valeur de la mer doit être vigoureusement encouragée en faisant l'objet de crédits significatifs. Visant à zoner les activités touristiques et maritimes dans un espace géographique pertinent (une baie, un étang salé, un pays côtier identifié...), le schéma de mise en valeur de la mer permet en effet, à l'issue d'une concertation entre l'État, les collectivités et les professionnels concernés, de définir une politique à long terme dans un espace conflictuel. La dotation budgétaire actuelle, qui ne permet l'étude que d'un ou deux schémas par an sans aucun volet d'accompagnement financier, risque de réduire cet outil remarqué par Bruxelles au niveau d'une expérience administrative sans lendemain.*

⑨ *Nous voudrions enfin à l'heure des choix que l'expérience de nos amis et voisins puisse être analysée et nourrir notre pratique de demain. Je ne prendrai ici que l'exemple des Pays-Bas qui ont depuis fort longtemps planifié les aménagements littoraux : la province, clé de voûte de l'aménagement du territoire, formule un programme dans un schéma directeur dont la validité (généralement de quinze ans) respecte les grandes options définies à l'échelon national. Cela nous ramène ainsi à notre réflexion première : le littoral ou la montagne doivent nous provoquer à dépasser le cadre de pensée hexagonal, focalisé de manière sans doute trop manichéenne sur le dualisme zones rurales/centres urbains. Alors, la charte nationale, à laquelle nous devons tous travailler, donnera à la France de 2015 une autre image que celle de villes irradiant leurs périphéries. Ce sera avant tout celle de flux de populations, de productions de valeurs ajoutées et de pôles régionaux à l'échelle européenne. Alors, pourquoi pas, après la Lozère, vaste territoire rural en voie de désertification, un prochain comité interministériel siégeant sur le littoral ?*

* *Antoine Rufenacht est député RPR de Seine-Maritime et président du Conseil régional de Haute-Normandie.*

Source : Le Monde, 5-6 septembre 1993

Commentaire

L'auteur

Il s'agit d'une personnalité politique, puisque Antoine Rufenacht est à la fois député de Seine-Maritime et président du Conseil régional de Haute-Normandie. Ce texte est donc la réflexion d'un élu sur l'aménagement du littoral, qu'il considère comme indispensable. Cet élu est un acteur, car il a le pouvoir de proposer, à l'Assemblée nationale, des textes réglementant les usages ou les formes de l'aménagement du littoral. Seuls les titres cités (député et président de Conseil régional) doivent être considérés, mais il se peut qu'ils ne représentent pas les seules responsabilités de celui qui écrit. Une recherche supplémentaire peut donc s'avérer nécessaire.

Les circonstances et le choix du journal

La publication d'un point de vue par un grand quotidien national est rarement fortuite. Il convient donc de replacer le texte dans son cadre. Le journal choisi est *Le Monde*, quotidien du soir qui n'est pas la tribune habituelle d'un député RPR : il y a donc lieu de s'interroger sur le choix du journal, voire sur le jour de publication.

En publiant en septembre et un samedi soir, on peut s'assurer un lectorat plus large qu'à l'ordinaire, pour évoquer des questions que 50 % des Français viennent de vivre directement pendant leurs vacances. En publiant dans *Le Monde,* un député RPR cherche à toucher un public qui n'est pas directement concerné par la vie de son propre parti, comme il cherche sans doute à s'adresser à des lecteurs influents dans l'appareil d'État (la haute fonction publique parisienne, par exemple). Il cherche surtout à exprimer un point de vue qui ne s'accorde pas forcément avec la ligne politique développée par le gouvernement de l'époque : faute d'avoir été entendu par ses amis politiques, le député met ainsi le débat sur la place publique.

Ce préambule est indispensable. Il introduit la présentation du texte dont il faut chercher les articulations principales. Le texte est composé de 9 paragraphes ; chacun fait de 10 à 20 lignes. Il faut donc d'abord analyser chaque paragraphe en lui-même et vérifier qu'il développe une idée, un argument, avant de proposer, dans une conclusion élargie, les grandes idées développées.

L'argumentaire

□ *Structure du texte*

– *Paragraphe 1 :* les circonstances

Il s'agit de la mise en place du projet de loi d'orientation sur l'aménagement du territoire et des trois niveaux d'organisation qui sont proposés (zones rurales, zones d'équilibre dotées de villes moyennes et territoires sous l'influence d'une métropole). L'accent est manifestement mis sur la relation ville-campagne et le rôle des métropoles dans l'organisation de l'espace. Il s'agit donc d'une question clé pour la réflexion géographique.

– *Paragraphe 2 :* des territoires à spécificités fortes

C'est la première idée de l'auteur. Cette façon de voir est traditionnelle (« Une telle classification perpétue... »), mais l'auteur estime qu'il est possible de proposer une autre façon de concevoir les choses (« une approche plus novatrice ») parce qu'il existe des territoires à spécificités fortes. Ces territoires sont, de plus, dotés d'une réglementation particulière ne s'inscrivant pas forcément dans le cadre général : c'est cela que souligne l'adjectif « forte ».

– *Paragraphe 3 :* le littoral est une « zone d'attraction » contre les campagnes « en déshérence »

Dans ce paragraphe, A. Rufenacht reprend les arguments du rapport Piquard en soulignant ce qu'il regrette : l'absence d'une véritable politique d'aménagement du littoral, qu'exigeait justement le rapport de 1973.

– *Paragraphe 4 :* le littoral représente « une grande richesse pour la France »

Ce paragraphe clé tend à opposer les forces du mouvement à celles de la tradition. C'est l'expression d'une volonté politique : il est donc urgent que le fait littoral soit pris en compte au niveau national.

– *Paragraphe 5 :* quelles exigences ?

L'Association nationale des élus (ANEL) demande un engagement financier plus important de l'État dans les contrats de plan et dans quatre domaines : la lutte contre l'érosion marine, le développement de l'aquaculture, la mise aux normes en matière d'assainissement des stations littorales, les infrastructures routières. On est ainsi passé d'une vue générale de l'aménagement du littoral aux questions concrètes, celles des financements, qui intéressent les politiques. L'ANEL peut apparaître ainsi comme un groupe de pression défendant son pré carré.

Une telle démarche pourrait apparaître comme trop exclusive : ce qui explique l'intertitre qui engage à « dépasser le cadre de pensée hexagonal ». Cet intertitre est-il proposé par l'auteur ou bien est-il placé là par la rédaction du journal, soucieuse d'attirer l'intérêt du lecteur ?

– *Paragraphe 6 :* demander une structure particulière d'intervention à l'État

L'auteur propose la création d'un fonds interministériel à l'aménagement du littoral comme source de financement. C'est toujours la préoccupation financière qui prédomine.

– *Paragraphe 7 :* des précédents existent

L'auteur cite les précédents et met en avant le problème de l'inégale répartition des moyens financiers vers certaines communes. Il faut accorder une attention particulière à l'inégale situation observée actuellement sur le littoral selon les communes. Ce paragraphe met de nouveau l'accent sur le nécessaire équipement en stations d'épuration, coûteux pour des communes aux ressources faibles.

– *Paragraphe 8 :* la réactivation des schémas de mise en valeur de la mer

Ces schémas permettent « de définir une politique à long terme dans un espace conflictuel » et dans la concertation (voir les chapitres 8 et 9 de la partie « Analyse et synthèse »). Il manque cependant un volet financier pour renforcer cette procédure, qui est trop administrative mais que Bruxelles a « remarquée ».

– *Paragraphe 9 :* la logique européenne doit s'imposer

L'exemple des Pays-Bas devrait nourrir la réflexion française. Cet État a « planifié les aménagements littoraux » depuis longtemps, dans un cadre où l'harmonie semble régner entre les niveaux territoriaux d'action politique, ce n'est pas le cas de la France, encore enfermée dans un schéma « manichéen ». Pour en sortir, A. Rufenacht oppose à la relation statique ville-campagne un aménagement fondé sur le mouvement, les flux « de population, de production de valeurs ajoutées et de pôles régionaux à l'échelle européenne ».

Quelles idées clés pour un plan ?

La démarche analytique précédente permet de dégager l'ensemble des points d'intérêt du texte. Il est possible de regrouper les paragraphes autour de quelques idées essentielles qui serviront de base à un commentaire écrit.

– *Première idée :* le littoral est reconnu par la loi du 3 janvier 1986 comme un territoire spécifique. Il n'est donc pas logique de le négliger dans le cadre de la définition d'une nouvelle politique d'aménagement du territoire en France. Derrière cette argumentation, il y a, en filigrane, une analyse politique qui conduit à opposer le mouvement à l'immobilisme. Le littoral est porteur de richesses, c'est un gisement d'avenir qui doit être considéré pour sa valeur économique et sa valeur écologique. On est bien dans la logique du rapport Piquard de 1973 (paragraphes 1 à 4).

– *Deuxième idée :* l'État doit agir de deux manières différentes. Il doit renforcer la procédure de la planification spatiale à travers les schémas de mise en valeur de la mer (qu'une association d'élus sur le littoral en reconnaisse le bien-fondé est en soi remarquable) ; il doit dégager de l'argent (paragraphes 5 à 8).

– *Troisième idée :* il n'est point de salut en dehors de l'Europe (paragraphe 9).

À partir de ce texte, il est possible d'élargir la réflexion. Par exemple en replaçant le littoral dans la politique d'aménagement du territoire depuis les années 60, ou encore en recherchant quelle politique littorale l'Union européenne a cherché à développer depuis quelques années.

L'ÉTAT DE SANTÉ DES RÉCIFS CORALLIENS
Étude documentaire

Le Figaro des 2 et 3 août 1997 propose dans sa page « Sciences » une réflexion sur l'état de santé des récifs coralliens sous le titre « Enquête mondiale au chevet du corail ». Le reportage est composé de quatre éléments :

– un article décrit l'opération de surveillance des récifs coralliens (Reef Check 1997*)*, lancée à l'initiative d'une administration américaine, la National Oceanic and Atmospheric Administration (NOAA) ;

– un petit encart explique ce qu'est le corail ;

– une carte présente les pays concernés par l'opération de surveillance et un schéma expose les différentes causes de la dégradation des coraux ;

– un encadré rédigé par un spécialiste français d'audience internationale, Bernard Thomassin, directeur de recherche au CNRS, explique les conditions difficiles de vie des polypes, ces animaux qui construisent un squelette calcaire externe dont l'agglomération progressive donne naissance aux récifs.

Cette page correspond donc à un dossier documentaire. La presse est une base de données incomparable. Elle fournit des informations exploitables et des dossiers scientifiques rédigés par les spécialistes.

Commentaire

Étudier la répartition zonale des coraux et leurs conditions de vie

□ *Lire la carte*

La carte des principaux pays concernés par l'opération de surveillance des récifs expose le caractère zonal de la répartition des coraux. Ils ne se

Les pays concernés par l'opération de surveillance des récifs

développent que dans les mers tropicales : la température des eaux est donc un facteur déterminant de leur croissance, mais la carte ne peut en dire plus. Il faut donc aller au-delà de cette déduction et faire une recherche à propos des conditions de vie des coraux.

□ *Consulter d'autres publications*

Le recours à la bibliographie est donc nécessaire car l'article ne donne pas plus d'informations sur ce sujet. Il est utile de consulter une banque de données en bibliothèque universitaire à partir de mots clés, par exemple : corail, récif, zone tropicale, océan Pacifique, océan Indien, mer Rouge.

La plupart des publications sont en langue anglaise et l'une des plus récentes, *Coral Reef Geomorphology* a été publiée en 1988 par le professeur André Guilcher. La compétence d'André Guilcher, reconnue internationalement, l'autorisait à publier en anglais. On observera que la langue anglaise est prépondérante dans les publications sur les océans et les côtes.

Les conditions écologiques du développement des coraux

Un livre en français, *Les Littoraux* de Roland Paskoff (Nathan, coll. Géographie d'aujourd'hui, 1993), consacre le chapitre 6 (p. 85-98) aux récifs coralliens. Il est donc possible d'obtenir plus d'informations sur les conditions écologiques du développement des coraux :

– température des eaux comprise entre 18 °C et 30 °C (ce qui exclut les zones affectées par les remontées d'eaux froides, ce que ne montre pas la carte) ;

– salinité allant de 30 à 38 ‰;

– pureté des eaux (les embouchures des grands fleuves leur sont donc défavorables à cause des arrivées d'eaux douces et de la forte turbidité, caractéristique des cours d'eau tropicaux) ;

– bon éclairement des eaux (on les trouve donc vivant jusqu'à des profondeurs qui n'excèdent pas 25 mètres) ;

– bonne oxygénisation des eaux (c'est dans la zone de déferlement des vagues qu'ils sont les plus à l'aise).

Lorsque toutes ces conditions sont réunies, la croissance des coraux, latérale (si le niveau de la mer est stable) et verticale (si le niveau de la mer s'élève) peut atteindre plusieurs millimètres par an. On comprend ainsi la puissance des accumulations coralliennes.

Les menaces actuelles

Ces conditions sont menacées aujourd'hui par trois types de facteurs exposés par le schéma.

□ *Des causes naturelles*

Les causes citées sur le schéma (fortes pluies, augmentation de la température de l'eau, cyclones et tornades tropicales) sont-elles complètes ? Ne faudrait-il pas aussi évoquer les variations du niveau des mers, qui affectent la croissance des coraux ? Ceux-ci croissent correctement si la vitesse de la transgression est supportable. Ce ne fut pas toujours le cas

Les causes de dégradation des coraux et leur surveillance

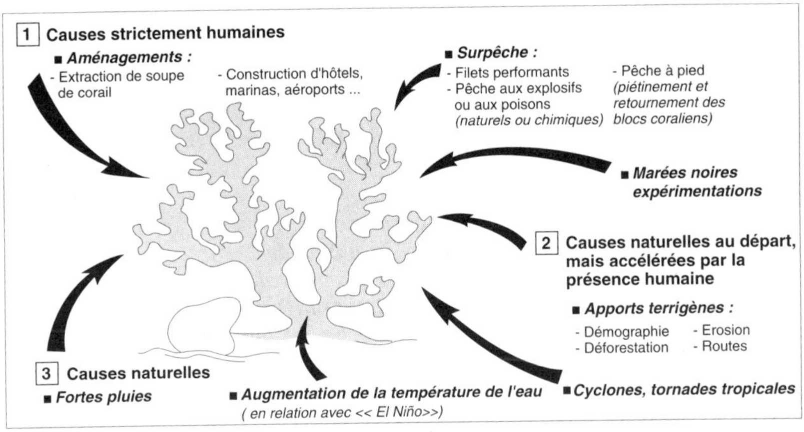

dans le passé et cela pourrait évidemment se reproduire. En consultant les ouvrages cités en bibliographie, on verra ainsi que les coraux sont d'excellents marqueurs des variations de la ligne de rivage ; on verra également que, dans le Pacifique, l'existence de plaques lithosphériques affectées de « points chauds » peut aussi expliquer la position des récifs. De fil en aiguille, la recherche de la documentation amène à une reflexion sur la typologie des côtes coralliennes et sur les causes de leur formation.

□ *Des causes liées à l'homme*

On peut ici apporter une critique à la légende du schéma. Faut-il distinguer ce qui est strictement d'origine humaine et ce qui serait naturel au départ et accéléré par la présence humaine ? C'est une formulation maladroite : la démographie est responsable « indirectement » de la dégradation par la pression qu'elle induit sur le milieu. Elle peut expliquer l'importance accrue de la turbidité des eaux parce que les défrichements aggravent les effets de l'érosion, des sols d'abord et l'on comprend que ces eaux douces, plus chargées, soient néfastes à la croissance des coraux. Mais cette cause est de moindre importance que les deux autres.

Les recherches supplémentaires sur le sujet

C'est le principal intérêt de cet article de presse : des recherches complémentaires peuvent faire l'objet d'un dossier nourri de lectures et qui sera tenu à jour au cours des cycles d'études universitaires. Ce qui vaut pour les coraux vaut pour l'ensemble des thèmes de la géographie des littoraux, et constituer un dossier est bien l'une des bases élémentaires de la méthodologie en géographie.

LA DESCRIPTION D'UNE STATION BALNÉAIRE

par Julien Gracq

Étude de texte

« J'évoque, dans ces journées glissantes, fuyantes, de l'arrière-saison, avec une prédilection particulière, les avenues de cette petite plage, dans le déclin de la saison soudain singulièrement envahie par le silence. Elle vit à peine, cette auberge du désœuvrement migrateur, où le flux des femmes en robe claire et d'enfants soudain conquérants avec les marées d'équinoxe va fuir et soudain découvrir *comme les brisants marins de septembre ces grottes de brique et de béton, ces stalactites de rocaille, ces puériles et attirantes architectures, ces parterres trop secourus que le vent de mer va ravager comme des anémones à sec, et tout ce qui, d'être soudain à son vacant tête-à-tête avec la mer, faute de frivolités trop rassurantes, va reprendre invinciblement son rang plus relevé de fantôme en plein jour. Sur le front de mer, les terrasses vitrées, mortes, leurs ferronneries mangées de lèpres salines, angoissent comme des bijouteries mises au pillage — le bleu usé, lessivé, des volets clos sur des fenêtres aveugles recule soudain incroyablement dans le temps le reflux de vie responsable de cette décrépitude [...] Je m'enfonce maintenant derrière les villas rangées sur l'amphithéâtre de la plage, je parcours les avenues enfouies sous les arbres, au doux sol brun assourdi par le sable et les aiguilles des pins. Un silence équivoque s'établit sitôt tourné l'angle de la plage. Au cœur de ces cavées vertes des avenues, la rumeur de la mer ne parvient qu'incertaine, émouvante comme une rumeur d'émeute au fond d'un jardin endormi de banlieue. Sur le fond de verdure sombre, minérale des pins et des cèdres, soudain les bouleaux, les peupliers flamboient, se résorbent en une légère fumée dorée, font courir leurs flammes rouges comme les chenilles de feu sur un papier consumé. Les jours approchent où la grande grisaille marine va rendre à tout le décor ses harmoniques fondamentales — une pigmentation subtile gagne çà et là, par flaques — le sel pâlit l'enduit des murailles, avive d'un rouge grinçant le fer des grilles, le vent de mer sable les planchers par les fentes des portes — une transgression soudaine, insolite, imprègne la petite ville, dure et grise comme le sel et le corail, de je ne sais quelles traces obscures d'un incendie froid, d'un raz-de-marée à sec. »*

Julien Gracq, *Un beau ténébreux*, Corti, 1945

Commentaire

L'auteur

Julien Gracq est né à Saint-Florent-le-Vieil en 1910. Entré à l'École normale supérieure de la rue d'Ulm en 1930, il y étudie l'histoire et la géographie avec une prédilection particulière pour cette dernière. Il est reçu à l'agrégation d'histoire-géographie en 1934, disciplines qu'il va enseigner dans divers lycées jusqu'en 1970. Bien qu'il ait envisagé de préparer une thèse de doctorat en géographie physique sous la direction d'Emmanuel de Martonne, Gracq n'est pas un géographe universitaire. C'est d'abord un grand écrivain qui a su faire à la géographie une place constante dans ses livres. D'où l'intérêt qu'ils présentent pour une analyse géographique.

Le texte

Ce texte est un extrait du roman *Un beau ténébreux,* paru en 1945. Une adaptation pour la télévision de ce roman a été diffusée en octobre 1971. C'est le préambule du roman qui est proposé comme base d'une analyse géographique.

Quel usage géographique peut-on faire d'un tel texte ? Derrière la valeur littéraire incontestable de ce texte, quels sont les éléments utiles à la compréhension d'une station balnéaire ? Doit-on dater le texte ou peut-on lui trouver encore aujourd'hui une actualité ? C'est à de telles questions qu'il faut essayer de répondre.

De quoi parle le texte ? À l'évidence, d'une station balnéaire, même si le terme n'est pas utilisé (l'auteur parle d'une « petite plage »). De quelle manière en parle-t-il ? Ici s'impose une analyse fondée sur le vocabulaire, que l'on peut essayer de classer. Par exemple, les mots évoquant le végétal sont nombreux (anémones, pins, cèdres…) comme ceux qui traitent du bâti (brique, béton, architecture, terrasses…). On est frappé aussi par l'usage en contraste des couleurs (cavées vertes, sol brun, bleu usé, verdure sombre, fumée dorée, flammes rouges, grisaille marine). Cette description est évidemment une mise en scène pour le drame à venir. Elle prend son sens dans le roman lui-même. Cependant, elle dit aussi autre chose.

L'analyse géographique du texte

□ *Le paysage d'une station balnéaire*

La description donnée par J. Gracq est celle d'une petite station balnéaire : l'amphithéâtre de la plage qui situe le paysage bâti ; le front de mer qui limite cet amphithéâtre où s'avancent ces « terrasses vitrées » qui cherchent la proximité de la plage et des flots. Un front de mer à partir duquel s'organise le tissu de la station, ces « avenues enfouies sous les arbres », sans doute gagnées dans des dunes plantées (« doux sol brun assourdi par le sable et les aiguilles des pins »). Cette station est faite de villas disposées le long des rues et isolées dans leurs jardins : un paysage construit qu'expriment les pins, les cèdres, les bouleaux, les peupliers. En bord de mer, ce mélange d'espèces est rarement originel. Un paysage si construit même que l'auteur décrit « ces grottes de brique et de béton, ces puériles et attirantes architectures et ces parterres trop secourus qu'animent temporairement femmes et enfants conquérants ». Au fond, un paysage artificiel.

□ *Un jugement moral sur le tourisme balnéaire ?*

Le tourisme fait souvent l'objet d'une approche moralisante et l'intérêt du texte est de montrer que ce jugement ne date pas d'aujourd'hui. Même si l'ambition de Gracq n'est pas de porter un jugement sur la station balnéaire et la fonction qu'elle entretient, comment ne pas être frappé par l'approche pessimiste de l'auteur ? Cette vision s'exprime dans le vocabulaire : « journées glissantes, fuyantes de l'arrière-saison », « auberge du désœuvrement migrateur », « grottes de brique et de béton, stalactiques de rocaille », « puériles architectures », « frivolités », « fantôme en plein jour », terrasses « mortes » aux ferronneries « mangées de lèpres salines », « décrépitude ». Tout ce ton du début du texte pour trancher avec ce qui est la nature des lieux, ses « harmoniques fondamentales » d'où l'homme a disparu. Comment mieux marquer le caractère artificiel du phénomène touristique ?

□ *L'actualité du texte*

Ce texte reste très actuel. En effet, le tableau est un classique de toutes les stations balnéaires. Le caractère principal en est la mono-activité marquée par une forte saisonnalité. Et celle-ci a tendance à s'aggraver aujourd'hui. J. Gracq décrit une situation qui est celle de l'entre-deux-guerres ou de l'immédiat après-guerre, lorsque seules les catégories les plus aisées de la population urbaine passaient deux à trois mois au bord de la mer. D'où l'évocation de ce « flux des femmes en robe claire et d'enfants soudain conquérants » : en effet, la station est d'abord le monde des femmes (mères et grands-mères) et des enfants ; les hommes n'y viennent qu'en août. Ces temps ont changé, les séjours se sont raccourcis, car le temps des loisirs s'est découpé et les destinations se sont diversifiées. Les villas ne sont plus occupées si longtemps, elles vieillissent comme vieillissent les fronts de mer. L'actualité du texte est dans cette situation : les municipalités cherchent encore à « allonger la saison » par une politique d'équipements souvent coûteux et décriés (les ports de plaisance, les golfs, les thalassothérapies), et les maires veulent aujourd'hui rénover les fronts de mer.

DES PORTS DE PLAISANCE CONTRE L'ENVIRONNEMENT ?
Étude de documents

Sous le titre « Des ports de plaisance contre l'environnement ? » sont proposés au commentaire plusieurs documents de nature différente.

La préparation

Avant toute démarche constructive, qui consiste à lier entre eux les différents documents, deux choses sont indispensables : une présentation des documents, puis une réflexion sur le sujet proposé.

La présentation des documents

Les documents sont de cinq types.

– *Document 1 :* deux cartes du golfe de Saint-Tropez.
L'une montre la situation en 1958, l'autre en 1985. On voit que deux marinas ont été construites sur l'emplacement de la plage de Grimaud à partir de 1967.

– *Document 2 :* un extrait de la brochure de la Fédération des industries nautiques (1996).
Ce document donne les principales statistiques du secteur et montre l'importance de la construction de bateaux de plaisance en France.

– *Document 3 :* un organigramme concernant la réalisation d'un port de plaisance.
Ce document décrit une partie des liens existant entre les divers acteurs.

– *Document 4 :* deux coupures de presse.
« Plus une place dans les ports du Morbihan » (*Ouest-France,* Vannes, 19 décembre 1992), *(doc. 4a)* ; « Saint-Hilaire-de-Riez veut un véritable cœur » (*Ouest-France,* Vendée, 17 novembre 1993), *(doc. 4b).*

– *Document 5.*
Une brochure du ministère de l'Environnement expose les conséquences en termes d'environnement de la construction des ports de plaisance.

La nature de la question

Les ports de plaisance, qui se sont multipliés depuis une trentaine d'années, sont-ils un facteur de dégradation des milieux et des paysages ? Ont-ils plus de conséquences négatives en termes de qualité de l'environnement qu'ils n'en ont de positives en termes de développement économique ? Le point d'interrogation est essentiel : il s'agit de répondre à une question, et celui qui la pose doit fournir une réponse argumentée. Les documents choisis décrivent autant les risques que fait courir à l'environnement la construction d'un port de plaisance que les avantages économiques et sociaux qu'on peut en attendre.

Doc. 1 – **Le golfe de Saint-Tropez en 1958 et en 1985**

En 1958

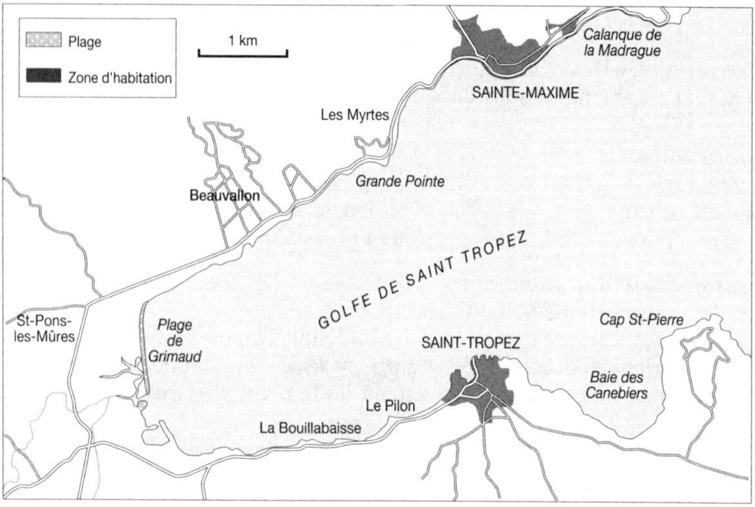

En 1985

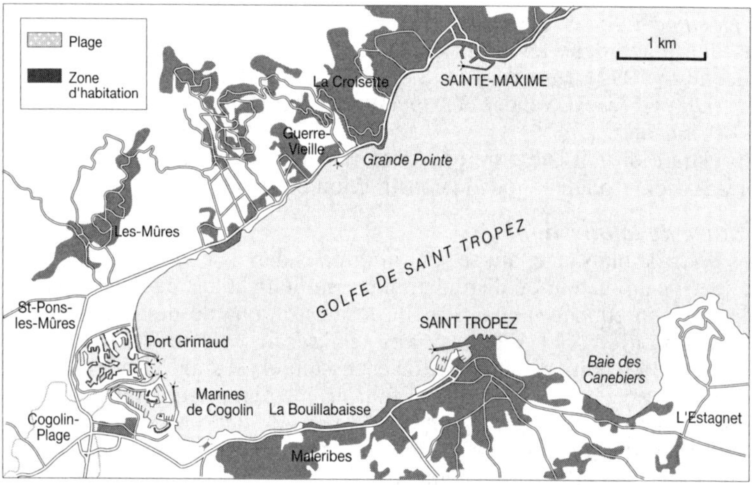

Doc. 2 – **Un extrait de la brochure de la Fédération des industries nautiques, 1996**

À la veille de l'ouverture des salons d'automne qui préparent déjà la prochaine saison 97, l'Industrie Nautique Française confirme ses positions sur les différents marchés internationaux dans un contexte économique qui reste difficile sur le plan national.

Rappelons que la filière nautique française avec toutes ses composantes (production, location, distribution, services) regroupe près de 3 000 entreprises et réalise un chiffre d'affaires de 10 milliards de francs environ.

L'engouement des Français pour les activités nautiques continue de se développer. Ainsi, on constate une augmentation entre 1994 et 1995 de plus de 35 % pour les permis mer côtier délivrés ; une tendance confirmée cette dernière saison.
Parallèlement le tourisme bleu attire de nombreux étrangers sur notre littoral, le site européen le plus diversifié avec ses 5 715 km de côtes, ses 8 500 km de voies intérieures, sans oublier les DOM-TOM.

Globalement la production française reste stable depuis 1993, avec cependant une recomposition des acteurs en place et des différences variables selon les activités et les entreprises.

L'ensemble du chiffre d'affaires de la production se maintient aux environs de 2,6 milliards de francs en 1995 avec :
- → *une part majeure pour la voile (voiliers habitables et voile légère : 53,18 %)*
- → *13 % consacrés à l'activité entretien/réparation/gardiennage : ce qui confirme une progression du phénomène de « deuxième monte » et marque le développement du service.*

La France conforte ses positions à l'international : elle exporte 49 % de sa production dont 10 % concernent les DOM-TOM.
- → *À l'intérieur de l'Union européenne (56 % du total export) les pays de l'Europe du Nord (l'Allemagne, le Royaume-Uni, la Suède, la Finlande, le Danemark, les Pays-Bas, l'Irlande et la Belgique) représentent plus de 68 %.*
- → *Hors de l'Union européenne, la grande zone Amérique atteint près de 20 % du total des exportations de bateaux construits en France.*

Source : *L'industrie nautique française, chiffres et tendances*, Fédération française des industries nautiques, 1996

Doc. 3 – **Les divers acteurs dans la réalisation d'un port de plaisance**

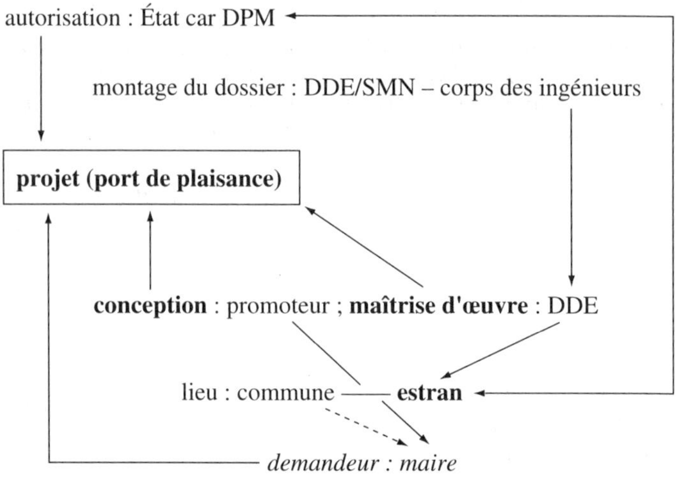

DDE : Direction départementale de l'équipement
SMN : Service maritime et de navigation
DPM : Domaine public maritime

Doc. 4 – **Les extraits de presse**

La voile victime de son succès

Plus une place dans les ports du Morbihan

Les Morbihanais sont satisfaits de leur participation au salon nautique de Paris. Les élus dressent un bilan positif au niveau relations publiques, en même temps qu'ils rappellent l'action du département pour la voile en général.

Le salon nautique qui s'est terminé le 14 décembre a permis au Morbihan de se bien montrer avec un stand imposant. Philippe Podevin, directeur du Comité départemental du tourisme est satisfait. « Notre espace a été l'un de ceux les plus visités et notre présence est davantage une opération de relations publiques auprès des milieux nautiques qu'une promotion touristique. »

À cet égard, Jean-Michel Kervadec, de la Sagemor a rappelé que le département ne peut pas, actuellement, accueillir davantage de plaisanciers. « Nous sommes victimes de notre succès. » Un chiffre suffit pour illustrer les besoins : 1 200 demandes de mouillages sont en attente, soit l'équivalent d'un port.

Michel Guégan et Pierre Orain, ses collègues du Conseil général ont rappelé les actions passées du département (200 MF), qui se traduisent aujourd'hui par des ports, tous pleins comme un œuf : au Crouesty, à La Trinité, Port-Haliguen, Vannes et Lorient. Au total dans le département : 10 000 places, sans compter, bien sûr tous les mouillages sauvages.

Pour l'avenir, il est envisagé quelques places supplémentaires : 200 à La Trinité-sur-Mer et 100 à Port-Haliguen.

La fin des investissements lourds

La Sagemor, société d'économie mixte, qui gère la plupart des ports de plaisance va équilibrer son budget en 1993 et commencer son remboursement au département l'année suivante. La fin de la dette est prévue pour 2010. D'ici là, il n'est pas question d'envisager d'investissements lourds, « d'autant que la loi littoral, disent les élus, limite les possibilités. » Cela étant, il est prévu de « gagner des places, partout où cela est possible. » Enfin, comme l'a souligné Jean-Michel Kervadec : « Le département s'est fixé quatre axes de développement de la voile dans le département : le scolaire, le sportif, le loisir-tourisme et, enfin, l'événementiel. » Le détail sera connu l'année prochaine.

Source : *Ouest-France*, 19/12/1992

Station de pointe pour le tourisme en Vendée

St-Hilaire-de-Riez veut un véritable cœur

Deuxième commune de France et première de Vendée par le volume d'accueil touristique, Saint-Hilaire-de-Riez, 7 500 habitants, veut se tailler sa place au soleil. Le port de plaisance en cours d'élaboration a donné des ambitions à la jeune équipe municipale en place depuis mars 1988. Pourquoi ne pas profiter de cette implantation pour doter la commune d'un véritable cœur ? C'est ainsi qu'avec le concours de l'architecte Louis Schneider, est né le concept de « Station-Port-Saint-Hilaire ».

LES SABLES-D'OLONNE. – Écartelée entre Saint-Jean-de-Monts et Saint-Gilles-Croix-de-Vie, Saint-Hilaire-de-Riez se cherche une âme. Le modeste bourg de Sion-l'Océan, désert l'hiver et embouteillé l'été, n'a jamais revêtu les atours d'une vraie station.

Pas de remblai, pas de centre attractif où les estivants viennent baguenauder le soir.

Pourtant, grâce à Dame Nature, la commune a de solides atouts : une immense forêt, paradis de l'hôtellerie de plein air, bordée par treize kilomètres de plage de sable : une corniche où abondent criques et recoins charmants, sans parler des reposants marais de l'arrière-pays.

Le projet de port de plaisance, mis en branle par l'ancienne équipe municipale, a sérieusement été étoffé par la nouvelle qui entend en profiter pour créer ce lieu d'animation, qui manque tant à Saint-Hilaire. Ce port de plaisance (800 anneaux) doit être construit entre deux digues qui s'avanceront loin en mer, à 1,5 km du rivage. Une nécessité technique si on veut accueillir dans les meilleurs conditions la liaison maritime avec l'île d'Yeu. Avec une conséquence : la création en amont d'un vaste terre-plein de sept hectares. Un immense espace qui, pour le maire socialiste Jacques Fraisse, est « une occasion à saisir », même s'il pose problème.

Sur le domaine maritime

Cette esplanade, située sur le domaine maritime, donc sous le joug de la loi littorale, pas question d'y construire n'importe quoi. Les associations de protection de la nature, si elles ne s'opposent pas directement au projet, s'inquiètent tout de même du précédent ainsi créé. Sur la côte vendéenne, elles ont déjà vu les promoteurs à l'œuvre...

Un risque limité, estime le maire qui préfère voir les promoteurs investir dans un cadre défini plutôt qu'un peu n'importe où sur la commune.

Autour d'un vaste bassin, conçu comme un mail aquatique, sont prévus de nombreux équipements, musée, salle de spectacle, centre de congrès, qui jouxteront des ensembles de loisirs et de jeux, d'hôtels et de para-hôtellerie. L'immobilier proprement dit trouvera sa place en retrait, hors bande littorale. Le tout, traité en espace piétonnier pour favoriser l'animation, devra, par son volume et sa silhouette, prolonger le paysage urbain existant.

Un véritable projet d'urbanisme dans une région habituée au coup par coup. Reste à Jacques Fraisse et son équipe à convaincre le ministère de la Mer et le Conseil général. Le premier devra accorder une dérogation à la loi littorale. Le second doit se prononcer sur le transfert de la liaison maritime continent-île d'Yeu, de Fromentine à Saint-Hilaire. Il ne le fera pas avant que la dérogation soit obtenue et que l'étude d'impact sur les conséquences écologiques soit achevée.

Yves Cossais

Source : *Ouest-France*, 17/11/1993

Doc. 5 – ***Extrait de la brochure du ministère de l'Environnement***

Le contenu de l'étude d'impact

(Art. 2 du décret du 12 octobre 1977)

ARTICLE 2 – Le contenu de l'étude d'impact doit être en relation avec l'importance des travaux et aménagements projetés et avec leurs incidences prévisibles sur l'environnement.

L'étude d'impact présente :

1° Une ANALYSE DE L'ÉTAT INITIAL du site et de son environnement, portant notamment sur les richesses naturelles et les espaces naturels agricoles, forestiers, maritimes ou de loisirs, affectés par les aménagements ou ouvrages ;

À partir de cette analyse, le maître d'ouvrage intègre les contraintes d'environnement pour définir les grandes lignes de son projet.

2° Une ANALYSE DES EFFETS SUR L'ENVIRONNEMENT et en particulier sur les sites et paysages, la faune et la flore, les milieux naturels et les équilibres biologiques et, le cas échéant, sur la commodité du voisinage (bruits, vibrations, odeurs, émissions lumineuses), ou sur l'hygiène et la salubrité publique ;

Cette analyse lui permet, le cas échéant, d'envisager différentes alternatives afin d'optimiser ses choix.

3° Les RAISONS pour lesquelles, notamment du point de vue des préoccupations d'environnement, parmi les partis envisagés, le projet présenté a été retenu ;

Le maître d'ouvrage doit en effet justifier, dans le document final, les choix qu'il aura effectués.

4° Les MESURES envisagées par le maître de l'ouvrage ou le pétitionnaire pour supprimer, réduire et, si possible, compenser les conséquences dommageables du projet sur l'environnement, ainsi que l'estimation des DÉPENSES correspondantes.

Les mesures compensatoires et réductrices font partie intégrante de l'aménagement et ne sont pas une valeur ajoutée facultative.
Le maître d'ouvrage doit budgétiser les dépenses correspondantes.

Source : Ministère de l'Environnement, 1988

L'analyse des documents

Quel sens donner aux documents proposés ? Tous ces documents doivent être considérés comme également utiles ; ils ont donc forcément une signification. L'exercice ne consiste évidemment pas dans la paraphrase des documents, mais dans la construction d'un plan qui apporte les éléments de réponse les plus complets à la question posée.

L'importance économique

Pour la Fédération des industries nautiques *(doc. 2)*, la construction de bateaux de plaisance est à la base d'un chiffre d'affaires très important et une large partie des navires sont exportés. Pour cette fédération patronale, il s'agit de montrer l'importance du secteur. Mais on notera qu'elle ne s'implique pas dans la construction des ports eux-mêmes.

Les coupures de presse *(doc. 4)* illustrent l'engouement du phénomène plaisance et l'expression du désir de construire de nouveaux ports. Dans le Morbihan, en dépit des 10000 places disponibles dans les ports, il y a 1 200 demandes en attente. Il faut donc trouver une solution à cette situation. En Vendée, la commune de Saint-Hilaire-de-Riez a des ambitions de développement touristique et voit dans le port de plaisance un pôle structurant de l'espace littoral, qui va lui permettre de rivaliser avec d'autres stations vendéennes. En quelque sorte, il faut retenir que le port de plaisance a un côté « vitrine » qui n'est évidemment pas lié directement à sa fonction première.

Les acteurs dans la réalisation d'un port de plaisance et l'impact sur l'environnement

On peut travailler sur les deux cartes *(doc. 1)*, l'organigramme *(doc. 3)* et la brochure du ministère de l'Environnement. Ce sont des documents très différents auxquels il faut trouver un point commun. Les cartes montrent l'emprise de la plaisance par la disparition de la plage de Grimaud, remplacée par des marinas, c'est-à-dire par ces ports qui sont entourés d'immeubles d'habitation et qui font de la plaisance un véritable « produit touristique ».

À ce titre, l'organigramme apporte des éclairages utiles. Avec le maire, qui est demandeur et maître d'ouvrage, on voit apparaître une politique municipale d'où l'intérêt économique et social n'est pas absent. Or, les marinas sont construites sur la plage, partie du domaine public maritime dont la gestion relève de l'État. Relever ce point permet d'introduire l'extrait de la brochure élaborée en 1988 par le ministère de l'Environnement, qui résume une étude d'impact des ports de plaisance.

Construire le plan pour répondre à la question

Introduction

On peut s'appuyer sur l'extrait de presse qui montre l'importance de la demande en matière de plaisance, relever que cette demande porte sur des espaces et des milieux comme l'estran qui font l'objet d'une surveillance particulière de la part de l'État. Celui-ci, attentif aux conséquences environnementales des opérations, s'appuie sur l'existence de l'étude d'impact pour en limiter les effets.

Plan

I. Plaisance et ports de plaisance, une nécessité économique.

II. Départements et communes face à l'essor de la plaisance.

III. Comment intégrer les ports de plaisance sur le littoral ? Les contraintes environnementales.

Conclusion

Un exemple de conclusion rédigée

« Les ports de plaisance représentent, sur les littoraux, l'exemple de ces opérations, jugées avec une sévérité qui n'exclut pas un jugement de valeur, dans la logique même de ce mode d'occupation de l'espace qu'est le tourisme. Les documents analysés ont permis de dégager deux grandes catégories d'observation.

Le port de plaisance est conçu comme un facteur de développement économique et de mise en valeur, à la fois de la côte et d'un certain type de culture « maritimiste ». Sa construction intéresse largement les autorités locales, qui y voient un moyen de créer des emplois à la fois pendant la durée du chantier et lorsqu'il sera achevé. Elle est aussi perçue comme un moyen d'animer une station balnéaire, et cette optique rejoint celle des responsables des industries nautiques, pour lesquels le port est aussi une vitrine de la production. L'importance de la vente à l'exportation peut expliquer l'intérêt particulier que leur porte l'État.

Cependant, ces opérations de prestige, coûteuses et entraînant des répercussions pour l'environnement, sont dénoncées par les associations de protection de la nature. Faut-il y voir l'expression d'un jugement moral dénonçant le luxe dont elles seraient porteuses ? Faut-il y voir simplement la critique d'une opération qui a d'inévitables répercussions ? Ou plus particulièrement la critique d'un modèle stéréotypé de développement touristique, porteur d'une charge lourde sur l'estran et la bordure côtière que l'on souhaite ouvrir au public ?

Il n'est jamais simple de formuler un jugement : les documents apportent des éclairages différents. Ils soulignent cependant les responsabilités de l'État qui, garant de l'usage du domaine public maritime, ne peut être indifférent aux conséquences néfastes d'opérations dont la portée économique est incontestable ».

LA LOI DU 3 JANVIER 1986 SUR L'AMÉNAGEMENT DU LITTORAL Étude de texte

Votée à l'unanimité par les députés et les sénateurs, la loi du 3 janvier 1986 a fait l'objet de nombreuses critiques depuis sa mise en application. L'intitulé de la loi, *Aménagement, protection et mise en valeur du littoral,* permettait à chacun des protagonistes d'être apparemment satisfait. Les partisans d'un développement économique continu voyaient dans les termes d'aménagement et de mise en valeur une autorisation à poursuivre — avec plus de modération — des activités économiques florissantes, tandis que les associations de défense de la nature et de l'environnement lisaient dans la protection l'arrêt programmé d'un développement tentaculaire.

Aujourd'hui encore, la loi est l'objet de polémiques : les uns la jugent trop protectionniste, les autres la trouvent trop permissive. Il est donc intéressant d'analyser quelques articles de cette loi. Ses conséquences spatiales sont évidentes, elle constitue donc un document géographique précieux.

On a choisi d'étudier deux articles du titre de la loi : l'article L.146-2 et l'article L.146-4. Il ne s'agit pas d'en faire un commentaire exhaustif, mais de relever les apports et limites qu'un géographe peut leur trouver. En effet, les lois, même spécifiques à un milieu (montagne ou littoral), ne sont pas rédigées par des géographes, et il n'est pas certain qu'ils aient toujours été consultés lors de leur discussion. C'est donc à partir de sa culture de géographe, de son esprit critique, que celui-ci doit aborder les textes.

Le traitement de chaque article procède de la même méthode.

Texte de l'article L.146-2

> *« Art. L. 146-2. – Pour déterminer la capacité d'accueil des espaces urbanisés ou à urbaniser, les documents d'urbanisme doivent tenir compte :*
>
> *– de la préservation des espaces et milieux mentionnés à l'article L. 146-6 ;*
>
> *– de la protection des espaces nécessaires au maintien ou au développement des activités agricoles, pastorales, forestières et maritimes ;*
>
> *– des conditions de fréquentation par le public des espaces naturels, du rivage et des équipements qui y sont liés.*
>
> *Dans les espaces urbanisés, ces dispositions ne font pas obstacle à la réalisation des opérations de rénovation des quartiers ou de réhabilitation de l'habitat existant, ainsi qu'à l'amélioration, l'extension ou la reconstruction des constructions existantes.*
>
> *Les schémas directeurs et les plans d'occupation des sols doivent prévoir des espaces naturels présentant le caractère d'une coupure d'urbanisation. »*

Commentaire

Quel est son objet ?

Cet article porte sur la gestion de l'urbanisation (espaces urbanisés ou à urbaniser, documents d'urbanisme). Cette gestion doit être restrictive car il s'agit de limiter ses excès.

Par quels moyens ?

Il est nécessaire de déterminer des capacités d'accueil, qui devront tenir compte de la sensibilité des milieux naturels, et d'imposer dans les documents d'urbanisme (POS, ...) des coupures d'urbanisation.

Quelles sont les limites du texte ?

Les limites sont dans la définition des concepts. Qu'est-ce qu'une coupure d'urbanisation ? Ce sont des espaces naturels, mais de quelle taille ? La loi ne le précise pas ; pour certains, une route suffit, pour d'autres, plusieurs centaines de mètres. Comment définir la capacité d'accueil ? En tenant compte de la préservation et de la protection des espaces naturels, mais selon quels critères ? Chacun peut les imaginer : densité d'habitations, densité d'équipements structurants de l'espace (réseau de desserte, capacité des stations d'épuration, rapport entre la surface urbanisable et les espaces laissés à la nature).

On le voit, si l'idée est bonne, l'application de l'article L.146-2 est délicate et le recours devant le tribunal administratif parfois systématique. On laisse au juge le devoir de définir des critères (parfois géographiques), ce qui n'est pas sain.

Texte de l'article L.146-4

« Art. L. 146-4. – I. – L'extension de l'urbanisation doit se réaliser soit en continuité avec les agglomérations et villages existants, soit en hameaux nouveaux intégrés à l'environnement.

II. – L'extension limitée de l'urbanisation des espaces proches du rivage ou des rives des plans d'eau intérieurs désignés à l'article 2 de la loi n° 86-2 du 3 janvier 1986 précitée doit être justifiée et motivée, dans le plan d'occupation des sols, selon des critères liés à la configuration des lieux ou à l'accueil d'activités économiques exigeant la proximité immédiate de l'eau.

Toutefois, ces critères ne sont pas applicables lorsque l'urbanisation est conforme aux dispositions d'un schéma directeur ou d'un schéma d'aménagement régional ou compatible avec celles d'un schéma de mise en valeur de la mer.

En l'absence de ces documents, l'urbanisation peut être réalisée avec l'accord du représentant de l'État dans le département. Cet accord est donné après que la commune a motivé sa demande et après avis de la commission départementale des sites appréciant l'impact de l'urbanisation sur la nature. Les communes intéressées peuvent également faire connaître leur avis dans un délai de deux mois suivant le dépôt de la demande d'accord. Le plan d'occupation des sols ou le plan d'aménagement de zone doit respecter les dispositions de cet accord.

III. – En dehors des espaces urbanisés, les constructions ou installations sont interdites sur une bande littorale de cent mètres à compter de la limite haute du rivage ou des plus hautes eaux pour les plans d'eau intérieurs désignés à l'article 2 de la loi n° 86-2 du 3 janvier 1986 précitée.

Cette interdiction ne s'applique pas aux constructions ou installations nécessaires à des services publics ou à des activités économiques exigeant la proximité immédiate de l'eau. Leur réalisation est toutefois soumise à enquête publique suivant les modalités de la loi n° 83-630 du 12 juillet 1983 relative à la démocratisation des enquêtes publiques et à la protection de l'environnement.

Le plan d'occupation des sols peut porter la largeur de la bande littorale visée au premier alinéa du présent paragraphe à plus de cent mètres, lorsque des motifs liés à la sensibilité des milieux ou à l'érosion des côtes le justifient.

IV. – Les dispositions des paragraphes II et III ci-dessus s'appliquent aux rives des estuaires les plus importants, dont la liste est fixée par décret en Conseil d'État. »

Commentaire

Quel est son objet ?

Cet article est long (il contient quatre subdivisions). Son thème porte aussi sur la gestion de l'urbanisation et plus précisément son extension. Celle-ci grignote l'espace littoral, précaire et exigu. Cet article cherche à maîtriser l'extension du bâti.

Par quels moyens ?

L'urbanisation ne peut se faire qu'en continuité du bâti existant ou sous la forme de hameaux nouveaux intégrés à l'environnement. On dispose donc d'une trame au sein de laquelle le respect des espaces naturels est la règle. L'urbanisation ne peut porter atteinte ni à leur qualité ni à leur superficie. De plus, l'extension des espaces proches du rivage doit être limitée à des activités « exigeant la proximité immédiate de l'eau ». Enfin, une bande de terre de 100 mètres de largeur doit être interdite à l'urbanisation : en fait, à la résidence, car certaines installations sont possibles.

Quelles sont les limites du texte ?

Limpide dans ses objectifs (limiter l'urbanisation), le texte n'est pas clair sur quelques points essentiels.

– Qu'est-ce qu'un hameau nouveau intégré à l'environnement ? quelques maisons ou plusieurs dizaines de maisons dans le cadre d'une vaste zone d'aménagement concerté ? Et que vaut le terme d'environnement ?

– Que sont des activités économiques exigeant la proximité immédiate de l'eau ? Une thalassothérapie, par exemple, peut-elle représenter ce type d'activité ? Le fait qu'on retrouve ce concept dans les alinéas II et III dit assez le souci de la loi mais aussi l'embarras des décideurs. Peut-on mettre un banc dans la bande des 100 mètres ? Le bon sens le voudrait, au titre de l'équipement du sentier côtier. Peut-on installer un poste de surveillance pour la baignade en oubliant que l'accès à ce poste peut être générateur de transformations plus importantes de l'espace littoral (parking et voie d'accès) ?

– Ces dispositions ambiguës s'appliquent aux rives des estuaires les plus importants. Lesquels ? les trois principaux : Loire, Seine et Gironde ? d'autres encore ? Quand la liste a-t-elle été fixée par décret ? À ce stade, il est nécessaire d'effectuer une recherche et de définir ce qu'est un décret.

REPÈRES ET OUTILS

LES DÉFINITIONS DU MOT « LITTORAL »

Les définitions du mot « littoral » sont multiples et varient suivant leur origine. Les différentes orientations sont intéressantes à relever.

Les dictionnaires de langue

Les dictionnaires de langue en donnent une définition parfois abrupte.

Pour le *Larousse de la langue française* (1977), le littoral appartient au bord de la mer; c'est l'étendue de pays qui borde la mer.

Pour *Le Grand Robert de la langue française* (1986), le littoral est ce qui est relatif à la zone de contact entre la terre et la mer. Ce même dictionnaire cite Emmanuel de Martonne : « Le domaine des formes littorales n'est pas seulement la ligne idéale qui sépare sur les atlas et les cartes à petite échelle la terre ferme de la mer. Sur le terrain, il apparaît clairement que le domaine littoral comprend tout ce qui, soit au-dessous soit au-dessus du niveau moyen des eaux, est soumis à l'action des forces responsables du tracé de la côte et de ses changements [...] La ligne de rivage est déterminée par le relief particulier de la zone littorale. »

Les dictionnaires de géographie

Les dictionnaires de géographie sont parfois plus explicites.

Dans *Les Mots de la géographie* de R. Brunet, R. Ferras et H. Théry (3e éd., Reclus, Documentation française, 1993), après avoir rappelé que le mot vient de *litus* (rivage, en latin) et dit d'entrée que le littoral est le rivage maritime ou lacustre, les auteurs signalent que le mot « littoral » est très employé en géographie et par l'administration car il est sans ambiguïté.

Dans les paragraphes qui suivent cette définition est donnée la diversité même de ce que l'on peut observer sur la côte, en accolant l'adjectif littoral à un substantif : érosion littorale, station littorale, industrie littorale. On n'est pas forcément mieux renseigné, et l'absence d'ambiguïté ne paraît pas évidente. Reste à savoir l'usage que l'on veut faire du mot. La géographie peut admettre un certain flou, pas l'administration cependant, qui se trouverait engagée par une définition trop stricte.

Les textes réglementaires et l'analyse des juristes

Les textes réglementaires français apportent une autre vision.

Le rapport Piquard

Dans le rapport Piquard de 1973, le littoral est défini comme une zone de contacts entre la terre et la mer. Le rapporteur propose toutefois trois approches pour le définir : une approche quantitative (fondée sur la longueur des côtes), une approche qualitative, qui en fait « une succession de sites dont chacun a une personnalité, suscite l'admiration chez qui le découvre, l'attachement passionné chez qui le connaît » ; une approche « géométrique » enfin : le contact entre la terre et la mer s'opère selon une ligne à peine mouvante, au rythme des marées; de part et d'autre de cette ligne, les modes d'utilisation de l'espace sont totalement différents. Il en résulte que chaque fonction ou activité, aussi bien terrestre que maritime, ne dispose sur le littoral que d'une fraction de l'espace dont elle pourrait disposer ailleurs… »

L'instruction du 4 août 1976

L'instruction du 4 août 1976, suite logique du rapport Piquard, ne définit que l'espace littoral qui est « physiquement limité, écologiquement fragile, de plus en plus convoité par des utilisateurs souvent concurrents ». L'approche hésite entre les usages de l'espace et du milieu, d'une part, et la surface couverte, d'autre part.

La loi du 3 janvier 1986

La loi définit le littoral (article premier) comme une « entité géographique » : si les géographes peuvent tirer quelque vanité d'une telle définition, il n'est pas certain que ceux qui gèrent, aménagent et protègent le littoral soient aussi satisfaits.

L'analyse d'un juriste

Les juristes ne s'y sont pas trompés : dans l'introduction du livre intitulé *Le Droit du littoral et de la mer côtière* (Economica, 1991), l'auteur, J.-M. Becet, souligne qu'ils « ne perçoivent pas exactement […] ce qu'est le littoral » et ajoute qu'il s'agit d'une notion téléologique « dont le contenu varie selon la finalité qu'on lui assigne ». C'est à la fois bien observé et parfaitement normal. Les neuf chapitres de synthèse ont montré que l'usage qui était fait du littoral était propre à chaque groupe socio-économique en tirant avantage; ainsi, on ne s'étonnera pas que chacun ait sa définition. Pour que la définition soit un outil de réflexion, on peut enfin chercher à lier géographie et droit, espace et réglementation.

L'analyse d'un géographe

C'est à cela qu'aboutit l'essai du géographe Bernard Bousquet paru dans la *Revue Juridique de l'Environnement* (4/1990) lorsqu'il distingue trois définitions possibles du littoral.

– Un *littoral de nature*. C'est une zone sous la dépendance de la dynamique et de l'énergie du milieu (qui renvoie aux deux premiers chapitres de la synthèse).

– Un *littoral d'oekoumène*. C'est une définition assez récente et sans ambiguïté puisqu'elle relève de l'espace habité et mis en valeur par l'homme. Ce littoral d'oekoumène pourrait tendre vers le monde fini tant l'espace concerné est étroit : toutes les activités que la mer et la côte appellent potentiellement y coexistent de façon plus ou moins pacifique. Tous les conflits s'y cristallisent d'une manière ou d'une autre, selon la logique du développement accéléré ici ou du déclin là. Ces notions sont d'ailleurs réversibles dans le temps.

– Un *littoral d'institution*. C'est celui que régissent textes législatifs et réglementaires. Ces textes s'efforcent de cerner au plus près les deux autres définitions. En France, le domaine public maritime est constitué, côté terre, par la limite haute des eaux lors de la plus grande marée de l'année en situation météorologique ordinaire (c'est-à-dire sans tempête) : voilà pour la nature. Mais, dans l'ensemble, ce littoral d'institution est corseté de limites administratives et régi selon des normes qui ne s'appliquent pas toujours exclusivement au littoral. En France, par exemple, les plans d'occupation des sols sont dans ce cas.

En conclusion

Définir le mot « littoral » de façon simple et valant pour toute chose et pour chaque individu n'est pas chose aisée. Réfléchir à des définitions expose en revanche la richesse d'une notion : la « spécificité géographique » reconnue au littoral par la loi du 3 janvier 1986. Cette spécificité oblige les différents groupes d'acteurs à faire preuve de pragmatisme dans leur approche de la gestion du littoral. On conçoit que les géographes puissent les y aider.

TABLEAU CHRONOLOGIQUE DE LA POLITIQUE DE PROTECTION DU LITTORAL EN FRANCE

• 13 mai 1971 : un comité interministériel décide de lancer la mission Piquard, *« un groupe d'études chargé de faire un rapport sur les perspectives à long terme du littoral français »*.

• 3 janvier 1973 : circulaire relative à l'utilisation du domaine public maritime. Un enjeu, l'estran

• 1973 : publication du rapport Piquard qui propose, en particulier, la création d'un Conservatoire du littoral.

• Loi du 10 juillet 1975 : création du Conservatoire dans le but de *« mener une politique foncière de sauvegarde de l'espace littoral, de respect des sites naturels et de l'équilibre écologique »*.

• Instruction du 4 août 1976 *« concernant la protection et l'aménagement du littoral »*. Aux préfets, il est rappelé que l'enjeu, c'est la croissance de l'urbanisation ; il est également rappelé que des documents d'urbanisme existent, qui permettent de gérer plus efficacement. Les zones naturelles, dunes en particulier, sont expressément évoquées.

• Loi du 10 juillet 1976 sur la protection de la nature.

• Décret d'application du 12 octobre 1977 (décret concernant la loi du 10 juillet 1976) introduit la nécessité des études d'impact.

• Directive du 25 août 1979 : la protection du littoral est « un impératif national » auquel « doit satisfaire toute décision d'aménagement ».

• Loi du 12 juillet 1983 portant sur la démocratisation des enquêtes publiques et la protection de l'environnement.

• Loi n° 86-2 du 3 janvier 1986 relative à l'aménagement, la protection et la mise en valeur du littoral.

• Décret d'application du 20 septembre 1989.

• Circulaire aux préfets du 10 octobre 1989 visant *« au renforcement de la politique nationale de préservation de certains espaces et milieux littoraux »*.

• Instruction du 22 octobre 1991 sur la protection et l'aménagement du littoral.

TABLEAU COMPARATIF DES ACTEURS DE LA PROTECTION DU LITTORAL EN FRANCE ET EN GRANDE-BRETAGNE

Grande-Bretagne
Une fondation privée → THE NATIONAL TRUST • fondée en 1895 par Miss Octavia Hill, Sir Robert Hunter et le chanoine Rowsley pour « éduquer l'opinion publique et donner accès à la campagne à tous » • possède 150 000 ha inaliénables (mer, montagne, campagne) et 500 km de côtes protégées et ouvertes au public • ressources : cotisations des membres et donations **Deux autorités centrales** → THE COUNTRY SIDE COMMISSION • désigne des parcs nationaux (il existe 5 parcs côtiers en Grande-Bretagne) • désigne des portions de littoral comme HERITAGE COAST (actuellement 34 sites, aménagés légèrement : sentiers et observatoires) • ne procède à aucune acquisition → THE NATURE CONSERVANCY • acquiert et administre des réserves naturelles officielles, ouvertes au public sous contrôle • une quarantaine de sites sont protégés : colonies d'oiseaux de mer et stations botaniques **Deux grandes associations** → THE ROYAL SOCIETY FOR THE PROTECTION OF BIRDS • acquiert, par cotisation des membres, des zones de reproduction d'oiseaux, qu'elle ouvre au public → THE WILDFOWL TRUST • acquiert, par cotisation des membres, des réserves de chasse qui peuvent être ouvertes au public
France
Une autorité centrale → LE CONSERVATOIRE DE L'ESPACE LITTORAL • constitue un réseau de sites côtiers protégés et ouverts au public • ressources mixtes : donations de particuliers, en fonds ou en biens, et ligne budgétaire • plus de 400 sites de taille très variable : de 0,1 à plus de 1 000 ha, un capital de 48 000 ha

Une protection décentralisée

→ LES ESPACES NATURELS SENSIBLES

• une politique de protection dirigée par les conseils généraux
• une ressource : le produit de la taxe départementale sur les espaces naturels sensibles (taxe sur la construction neuve dans des périmètres institués par l'Assemblée départementale)
• un objectif de protection et d'ouverture à un public souvent large (loisirs de plein-air)

→ LES CONSERVATOIRES RÉGIONAUX D'ESPACES NATURELS

• une politique de protection collégiale regroupant fédérations de chasseurs et associations
• acquiert ou assure la gestion de terrains sensibles, en développant parfois l'accueil du public
• ressources : cotisations des membres et souscriptions publiques, aides régionales et européennes

Des associations, dont

→ LA LIGUE POUR LA PROTECTION DES OISEAUX

• achète des sites menacés, littoraux ou non, en organise la gestion et les aménage pour le public (observatoires)

Une fondation

→ LA FONDATION DE LA CHASSE ET DE LA FAUNE SAUVAGE

• prête son concours aux fédérations départementales de chasseurs pour l'acquisition ou la gestion de zones de reproduction de la sauvagine. Dans certains cas, ouverture pédagogique.

Source : Nacima Yellès, *Espaces protégés et tourisme de nature sur le littoral atlantique français*, thèse de doctorat, 1997

DU SYSTÈME AU GÉOSYSTÈME HALIEUTIQUE

Comment représenter des faits géographiques pour leur donner une valeur générale ? C'est l'une des tâches du géographe. La schématisation a l'ambition de formaliser les enchaînements, les liaisons au sein d'un système (les flux). En l'occurrence, il s'agit ici du système halieutique, représenté dans le schéma suivant.

La représentation du système halieutique

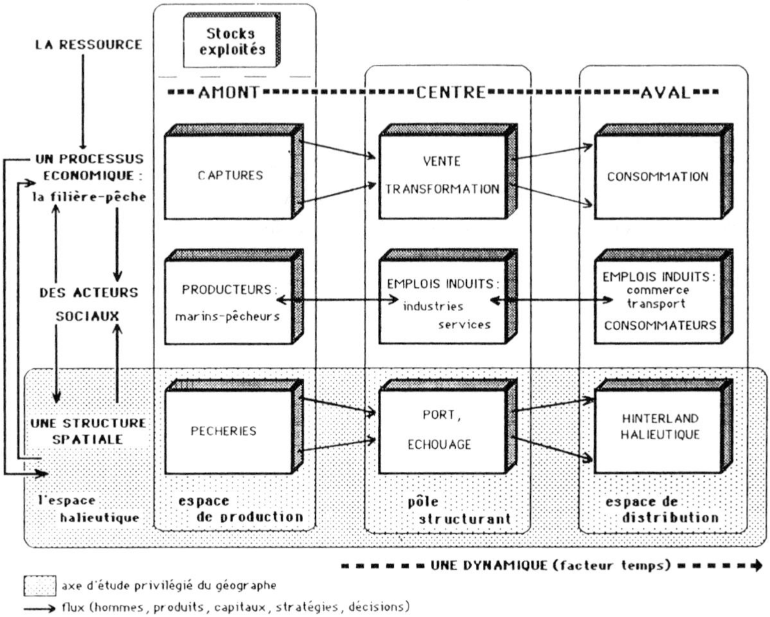

Source : J.-P. Corlay, *La pêche au Danemark, essai de géographie halieutique*, thèse de doctorat ès lettres, 1993

Il s'agit d'un tableau à double entrée. En haut sont exposés les enchaînements économiques : les captures entraînent la commercialisation puis la consommation, on passe du producteur au consommateur à travers le filtre du commerce. Au milieu apparait la structure de production considérée à travers les « acteurs » : il s'agit en fait des producteurs et de tous ceux qui transforment les produits de la pêche. Des emplois apparaissent à chaque étape : dès lors on comprend mieux comment peut s'exprimer une crise dans la filière pêche. En bas, enfin, la lecture est plus géographique car fondée sur les espaces de production et de distribution aux extrémités et le port, au centre, fonctionnant comme pôle structurant.

La représentation du géosystème halieutique

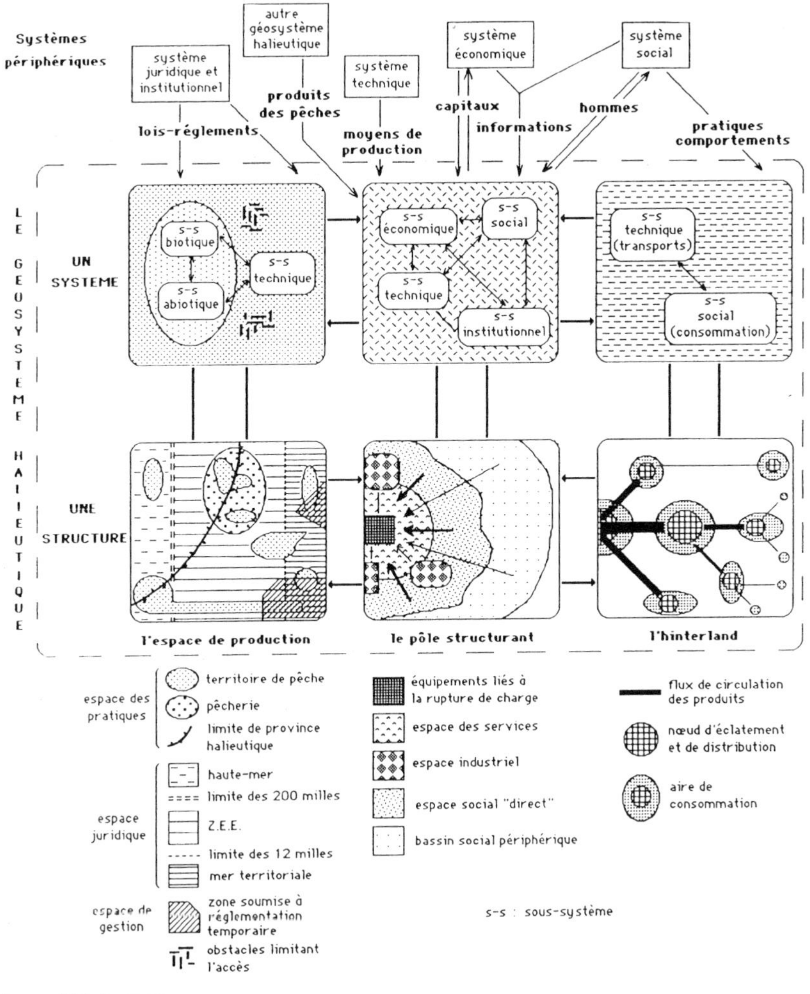

Source : J.-P. Corlay, *op. cit.*

Du système halieutique on peut passer au géosystème halieutique : Jean-Pierre Corlay, auteur du tableau, emprunte la notion au géographe Georges Bertrand, qui l'appliqua en fait à la nature. Il y a donc là un effort d'élargissement d'un concept précis. Là encore, le tableau fonctionne à partir de deux entrées, mais on voit bien qu'il est enrichi d'éléments extérieurs, à travers les systèmes périphériques qui influent sur l'organisation de manière indirecte (par exemple, le système juridique et institutionnel qui intègre la législation nationale et surtout les réglements communautaires européens). Connaître de tels systèmes aide à la compréhension des faits : il s'agit donc d'un exercice de recomposition à partir de faits connus.

On peut appliquer ce schéma à d'autres thèmes, comme par exemple : le tourisme sur le littoral, les enjeux dans les estuaires à partir des groupes d'acteurs aux ambitions antagonistes (le système de la pêche en estuaire, le système portuaire, l'organigramme des différentes associations de protection de la nature...).

CHIFFRER, PRÉVOIR, MODÉLISER

L'approche géographique est d'abord descriptive. C'est ainsi que l'on rédige de bonnes études d'impact rendant compte clairement des effets d'un équipement sur le littoral. Elle peut s'accompagner d'une quantification des phénomènes. Cette approche, moins usuelle chez les géographes, est constante chez les ingénieurs : on peut d'ailleurs leur faire grief de préférer une approche mathématique théorique (jusqu'au modèle mathématique en informatique) à la nécessaire description naturaliste. Les choses changent toutefois, et il n'est pas inutile de voir comment l'on peut procéder.

Mesurer la charge d'un transit littoral

Quelques formules sont d'usage courant dans les écoles d'ingénieurs. Celle qui permet de mesurer la charge d'un transit littoral est des plus utiles dans le cas de la construction d'un port de plaisance. Il importe en effet de connaître l'importance des volumes de sable susceptibles de venir s'accrocher au musoir des digues avant de le contourner et de combler le chenal d'accès au bassin lui-même. Voici ce que dit le *Manuel d'hydrodynamique sédimentaire* (Secrétariat d'État à la Mer, Service technique central des ports maritimes et des voies navigables, 1987, 2 volumes) rédigé par Claude Migniot à destination des élèves ingénieurs de l'École nationale des travaux publics de l'État.

> « De nombreuses formules ont été proposées pour déterminer la vitesse des courants de houle en fonction des différents paramètres caractérisant la houle et les fonds marins. Le Cerc, en se basant sur la formule de Longuet-Higgins, propose :
>
> $$V = 20{,}7i(gH)1/2 \sin(2\alpha_d)$$
>
> α_d étant l'obliquité des lames au déferlement.
>
> Par ailleurs, J. Larras, en utilisant les mesures faites par Putman estime que l'on peut avoir une approximation acceptable en prenant :
>
> $$v = \frac{2{,}6(gH_2 i \sin(2\alpha))1/3}{T}$$
>
> avec :
> H = hauteur de la houle déferlante
> i = pente moyenne de la plage exprimée par sa tangente
> α = obliquité des lames au large avec le rivage.
>
> Pour une houle de tempête de 7 mètres de hauteur et de 12 secondes de période, la vitesse du courant de houle atteindrait 1,30 m/s pour une obliquité des lames de 10 ° avec le rivage ; cette valeur est compatible avec les observations en nature. Pour ces caractéristiques, le débit liquide engendré par les courants de houle parallèlement à la côte correspondrait à celui d'un grand fleuve en crue de 2 000 à 3 000 m³/seconde. »

Reste à calculer la quantité de sédiments transportée : il existe pour cela également bien des formules mathématiques.

Reproduire les conditions naturelles d'évolution

Ces données chiffrées multiples nourrissent des modèles qui peuvent être mathématiques ou physiques. Dans ce dernier cas, il s'agit de reproduire les conditions naturelles d'une évolution. C'est ce qui est fait pour la baie de Somme dont on cherche à mieux connaître les mécanismes d'évolution, à prévoir des tendances évolutives au cours des prochaines années en l'absence de nouvel aménagement et à améliorer la navigation et les accès aux trois ports de la baie. L'étude est confiée à des laboratoires spécialisés (Laboratoire national d'hydraulique de EDF et à la Sogreah) qui, dans ses locaux de Grenoble, reproduit les conditions hydro et morphodynamiques. Elle construit un modèle « physique » de 48 mètres de long et 18 mètres de large sur une superficie de 780 m^2. En voici les caractéristiques :

		Nature	Modèle
Amplitude de la marée (VE moyenne)	Le Hourdel Le Crotoy Saint-Valéry-sur-Somme	5 m 4 m 4 m	8,3 cm 6,7 cm 6,7 cm
Durée d'une marée		12 h 20 min	16 min 22 s
Volume oscillant (VEE)		$11{,}10^7$ m^3	5,1 m^3
Module annuel moyen			
de la Somme à Abbeville		32,3 m^3/s	0,20 l/s
Vitesse de courant (exemple)		1,5 m/s	19,4 cm/s
Surface de la baie		– 6 000 ha	– 490 m^2
Largeur du chenal du Crotoy		de 150 à 200 m	de 40 à 60 cm
Passe d'entrée du port du Crotoy		70 m	20 cm
Largeur du chenal du Hourdel		20 m	6 cm

Source : Étude sédimentologique de la baie de Somme, construction du modèle réduit. Conseil général de la Somme, Service maritime, DDE, Sogreah ingéniérie, LNH/EDF.

MODÈLE DE FICHE DE LECTURE D'OUVRAGE

Des lectures complémentaires au cours sont utiles sinon indispensables. Ces lectures doivent nourrir des dossiers qui constituent la bibliothèque de l'étudiant dès le premier cycle. Tous les livres ne sont pas du niveau du premier cycle ; moins parce qu'ils seraient d'un abord trop difficile que parce qu'ils peuvent ne pas concerner les questions au programme. Le livre ne saurait donc constituer une difficulté en soi. On dira seulement que certains manuels, par exemple, sont plus complets que d'autres parce que l'on cherche à cibler un public.

Quand le professeur présente une bibliographie, en début d'année, il peut indiquer les ouvrages dont la lecture est nécessaire et ceux, au contraire, dont on doit connaître l'existence sans pour autant les avoir entièrement lus. L'abondance et la diversité de la production universitaire autorisent ce type de présentation.

Ces livres doivent donc laisser des traces qui soient consultables à tout moment de la formation et qui seront mises à jour si nécessaire. C'est l'objet de la fiche de lecture. Elle peut être construite de la manière suivante.

Le titre et les références de l'ouvrage

Les Littoraux français. Ouvrage de 268 pages, édité par Armand Colin en 1997 et rédigé par Jean-Jacques Bavoux, professeur à l'université de Bourgogne à Dijon.

Les figures et les photographies

Cet ouvrage comporte 22 figures et 16 photographies. S'agissant de celles-ci, il est utile de distinguer celles qui sont empruntées et celles qui sont propres à l'auteur : on marque ainsi la part originale de ce dernier, ce qu'il apportera de plus que d'autres publications antérieures. Dans ce cas particulier, plus de la moitié des figures sont personnelles.

La bibliographie

L'ouvrage comporte une bibliographie, classée par ordre alphabétique et qui contient 88 titres. L'intérêt de cette bibliographie tient à la connaissance supplémentaire qu'elle implique pour le lecteur. Si les auteurs sont cités dans le cœur du texte, on peut aller directement à la source et enrichir la fiche de lecture.

La table des matières

On peut la reproduire dans la fiche de lecture ; surtout si elle est détaillée (c'est le cas pour le livre de J.-J. Bavoux car elle tient en trois pages). Dans la perspective d'un cours portant sur la France ou d'une leçon au Capes ou à l'agrégation, il convient de bien connaître le contenu formel de l'ouvrage. On sait ce que l'on y trouvera pour une consultation rapide. On peut aussi la résumer : si l'ouvrage n'est pas structuré formellement en parties mais construit en chapitres successifs, on peut chercher à restructurer la table : le faire implique que l'on a perçu l'intérêt de la construction.

Table des matières

Chapitre 1.	Approches de l'entité littorale *(c'est, en fait, une introduction élargie)*
Chapitre 2.	Les difficultés de la pêche
Chapitre 3.	Les côtes françaises sont-elles favorables à la vie portuaire ?
Chapitre 4.	Complexité des dynamiques portuaires
Chapitre 5.	Les ressources du ruban littoral *(sous forme de caractères généraux)*
Chapitre 6.	L'explosion du tourisme balnéaire
Chapitre 7.	Un environnement menacé
Chapitre 8.	De Dunkerque à la basse Seine, un maillon de l'Euromégalopole
Chapitre 9.	Unité et diversité de la façade atlantique
Chapitre 10.	Mutations et tropismes des rivages méditerranéens *(c'est une analyse régionale)*

Ce livre comporte en réalité deux grandes parties, l'une de généralités, l'autre des aspects régionaux. C'est donc une approche classique.

Les commentaires critiques

À côté de la fiche de lecture, il est possible de joindre quelques notes critiques prises dans les comptes-rendus que publient les revues de géographie nationales (par exemple, les *Annales de géographie*, *L'Information géographique*) ou régionales dès lors que le thème du livre concerne les préoccupations de la revue (par exemple, *Norois, Méditerranée, Hommes et Terres du Nord*). Les commentaires apportent un éclairage différent, selon qu'ils se contentent de reproduire le contenu de l'ouvrage de façon neutre ou qu'ils contiennent des critiques pouvant être importantes dès lors que ceux qui les formulent sont des spécialistes de la question.

En conclusion

La fiche constituée est bien une fiche de lecture : celle de l'étudiant augmentée de commentaires plus critiques parce que formulés par des chercheurs au fait de leur discipline. À l'heure de rédiger un mémoire de maîtrise ou un chapitre de thèse, l'accumulation de ces fiches est précieuse.

MODÈLE DE FICHE DE LECTURE DE REVUE

Un article de revue comporte obligatoirement les éléments suivants :

Le nom de la revue →

Norois, 1995, Poitiers, *t. 42,* n° 165, p. 205-223

Le titre de l'article →

L'interface pêche/aquaculture coopération, coexistence ou conflit

L'auteur et ses coordonnées →

par François DOUMENGE
Directeur de l'Institut océanographique de Monaco
MC 98000 Monaco

Le résumé en français →

RÉSUMÉ

Certaines aquacultures d'Extrême-Orient : anguille (Japon, Taïwan), sériole (Japon), Chanos chanos-milkfish (Indonésie, Philippines, Taïwan) restent sous la dépendance de l'approvisionnement en alevins à partir du milieu naturel. Ce marché soutient de petites pêches qui apportent des ressources essentielles à de nombreuses communautés de pêcheurs traditionnels isolés.

Par ailleurs, le pacage marin de saumons du Nord Pacifique soutient l'économie de nombreuses communautés de pêcheurs en Alaska et au nord du Japon. Par contre, cette forme d'exploitation n'a pu se développer dans l'Atlantique Nord où se posent de nombreux problèmes d'interférence génétique, pathologique, ou de compétition avec l'aquaculture intensive dominante.

Pour le Japon, le pacage marin, pour soutenir les villages de pêcheurs artisans, se développe aussi bien au nord (coquilles Saint-Jacques) qu'au sud (daurades) de l'archipel.

Par ailleurs, les élevages intensifs de poissons carnivores absorbent d'importants tonnages de poisson-fourrage et de farines de la pêche industrielle, soutenant ainsi un secteur industriel vulnérable.

en anglais →

ABSTRACT

Many Far Eastern aquaculture activities : eel (Japan, Taïwan), yellowtail (Japan), milkfish (Indonesia, Philippines, Taïwan) are on the dependance of fry supply from the natural environment. This support small scale fisheries providing a basic economic return to remote traditional fishermen villages.

In another field North Pacific Salmon Sea Ranching is the economic basement of many fishermen communities in Alaska and North Japan. On the other hand salmon sea ranching remains very restricted in the North Atlantic but it's looking promising in Southern Ocean (Chili). Salmon sea ranching and aquaculture interference in the natural populations raise problems for conservation (interbreeding, competition, pathologic transmission, etc.). Looking to use the sea ranching support at the scale of fishermen villages Japan is pushing to develop in the same way cool (Northern scallop) and warm (sea bream) species.

Ultimately industrial fisheries contribute to aquaculture through feeding carnivorous fish by forage-fish, meals or pellets which are product by the industrial fisheries.

Des mots clés
L'auteur a privilégié deux entrées :
- des noms d'espèces
- des régions

→

Mots clés : Japon. Taïwan. Alaska. Philippines. Indonésie. Anguille. Sériole. Chanos chanos. Pacage marin. Saumons Pacifique et Atlantique.

Key words : Japan. Taïwan. Alaska. Philippines. Indonesia. Eel. Yellowtail. Milkfish. Sea ranching. Pacific and Atlantic salmon.

L'usage des mots clés est essentiel : dans les banques de données (celle de la Bibliographie géographique internationale), l'article de François Doumenge sera cité sous le titre « Japon » (et les autres pays indiqués par l'auteur) comme sous le titre « anguille » ou « sériole ». Avec ce dernier classement, l'article peut être connu et utilisé par des biologistes qui n'ont pas nécessairement une approche géographique des problèmes qu'ils traitent.

La bibliographie

La bibliographie doit répondre à des normes de publication internationale. Une revue a un comité de lecture dont le rôle est de garantir la qualité de la publication. Il doit donc être attentif à des aspects qui peuvent sembler formels (ici, la bibliographie) mais qui sont en fait essentiels. Ce

Date de la publication →

Auteur(s) →

Titre de l'article, titre de la revue →

Pagination →

BIBLIOGRAPHIE

ABD.-ELMONHEIM (M.M.), MASUDA (H.), 1991. — An Economic Review of Artificial Salmon Propagation and Management Operations in Japan. *Bull. Fac. Fish. Hokkaido Univ.*, vol. 42, n° 2, pp. 58-79.

ALEE (B.J.), 1988. — Status of Salmonid Ocean Ranching on the Pacific Coast of North America. International Conference « Wild Salmon – Present and Future », Sherkin Island Marine Station, Cork, Ireland, pp. 24-34.

ALTUKHOV (Y.P.), SALMENKOVA (E.A.), 1991. — The genetic structure of salmon populations. *Aquaculture*, vol. 98, n° 1-3, pp. 11-40.

BAGARINAO (T.), 1994. — Systematics, distribution, genetics and life history of milkfish, *Chanos chanos*. *Environmental Biology of Fishes*, vol. 39, n° 1, pp. 23-41.

BOTKE (F.), 1953. — A survey of Fishing and Transportation of Bandeng Fry. *In* : Hofstede (A.E.), Ardiwinata (R.O.) & Botke (F.) Eds., *Fish-Culture in Indonesia, Indo-Pacific Fisheries Council, Special Publications n° 2*, FAO, pp. 51-58.

Buri (P.), Kawamura (G.), 1983. — The mechanics of mass occurence and recruitment strategy of milkfish *Chanos chanos* (Forsskal) fry in the Philippines. *Mem. Kagoshima Univ. Res. Center S. Pac.* n° 3, pp. 33-56.

CARAGUEL (J.M.), GUERRI (O.), DAVAINE (P.), 1993. — Pacage marin du saumon à Kerguelen. *Rapport de campagne ARMOR 1992*, 68 p.

CHONG (K.), POERNOMO (A.), KASRYNO (F.), 1984. — Economic and technological aspects of the Indonesian milkfish industry. *In* : Juario (J.V.), Ferraris (R.P.) & Benitez (L.V.) Eds., Avances in Milkfish Biology and Culture. Island Publ. Inc., Manila, Philippines, pp. 199-213.

DAVAINE (P.), 1991. — Sea ranching of coho salmon in the Kerguelen Islands (TAAF), *ICES ANACAT Fish Com.* CM 1991/M : 20, 10 p.

DAVAINE (P.), 1992. — Pacage marin du saumon à Kerguelen. Rapport sur les 7 premières années d'élevage. Campagne 1984 à 1990. *Rapport au Conseil Scientifique des TAAF*, 24 p.

DOUMENGE (F.), 1975. — Développement et mutation de l'exploitation de la mer au Japon. Actualités de la pêche et de l'aquaculture japonaises. *Bull. Soc. Languedocienne Géogr.*, Montpellier, tome 9, fascicule 1, pp. 17-95.

DOUMENGE (F.), 1986. — La révolution aquacole. *Annales de Géographie*, 1re partie : n° 530, juillet-août 1986, pp. 445-482. 2e partie : n° 531, septembre-octobre 1986, pp. 551-590.

comité de lecture peut suggérer à l'auteur des ajouts, des corrections. Quand ce travail est fait, l'article publié peut porter en bas de première page, par exemple : article soumis le ..., suivi de la date; accepté le ..., suivi de la date.

Les différentes revues

Il n'existe pas, en langue française, de revues universitaires spécialisées sur la mer et les littoraux. En revanche, les revues nationales ou régionales ont publié de nombreux articles consacrés à la géographie des mers et des côtes et réalisent des numéros thématiques (par exemple, *Hommes et Terres du Nord, Norois)*. La revue *Norois* publie, chaque année depuis 1954, une « chronique océanographique » très renseignée. François Carré a succédé à André Guilcher en 1994 pour la rédaction de cette chronique de plusieurs dizaines de pages, qui traitait surtout de thèmes de géographie physique mais qui a été élargie à des thèmes de géographie humaine (pêche et aquaculture, gestion des littoraux et des mers...).

Les revues spécialisées sur les mers et les littoraux sont toutes en langue anglaise. Ainsi *Océan and Coastal Management,* publiée par Elsevier, et *Coastal Management*, publiée par Taylor and Francis, qui reprennent les idées des promoteurs du Coastal Zone Management Act aux États-Unis.

GLOSSAIRE

Acconier : personne qui assure la manutention dans les ports (méditerranéens).

Aménagement : vieux mot du vocabulaire forestier utilisé parfois sans nuances. L'aménagement suppose une transformation de l'espace et même une forme de planification (le plan d'occupation des sols ou POS est un document d'aménagement). En anglais : *planning*.

Armateur : propriétaire ou gestionnaire d'un navire qui pourvoit à tout ce qui est nécessaire à la navigation (y compris l'équipage).

Corrosion : désigne l'enlèvement de matière sur une roche par dissolution ou désagrégation superficielle.

Benthique : qui se rapporte au fond de la mer; le benthos est l'ensemble des communautés végétales et animales vivant sur le fond de la mer.

Budget sédimentaire : concept d'usage récent qui concerne les plages. Le budget repose sur le rapport entrées/sorties des sédiments.

Démaigrissement : perte de sable pour une plage.

Démersale : espèce vivant à proximité du fond de la mer sans lui être totalement lié.

Dérive littorale : ou encore courant de houle. Déplacement latéral des sables par rapport à la plage. Suppose une obliquité de la houle.

Diaclase : fissure dans une roche dure. Le diaclasage exprime la disposition et la densité des diaclases.

Diffraction : changement de direction de la houle lié à un cap ou à une île (par contournement).

Engraissement : gain de sable pour une plage.

Estran : partie du rivage alternativement couverte et découverte au cours d'un cycle de marée.

Étale : moment où, à haute mer et à basse mer, l'eau est pratiquement immobile. L'action des courants ne se fait plus sentir.

Épi : équipement (en bois, en enrochement ou maçonné) qui, en travers d'un courant de dérive littorale, sert à piéger le sable en transit.

Épizootie : épidémie frappant les animaux.

Eustatisme : variation du niveau des mers. Thermo-eustatisme : légère expansion liée à la chaleur. Glacio-eustatisme : abaissement du niveau liée au refroidissement et à l'englacement.

EVP : 6, 048 m (longueur du conteneur).

Fleur de sel : partie de la récolte formée de cristaux fins et légers qui flottent en plaques à la surface de l'œillet.

Flot : marée montante.

Frayères : endroit où les poissons se rassemblent en vue de la reproduction.

Gestion : action de gérer des affaires, la gestion relève de l'art de gouverner et d'administrer. En droit civil, la gestion est l'administration du patrimoine ou de biens d'une personne physique par son représentant légal ou judiciaire. Ce terme est la seule bonne traduction de l'anglais *management.* Il se distingue de l'aménagement, qu'il englobe.

Halonitrophile : qualité des plantes qui peuvent pousser en bordure de mer en supportant le sel.

Hinterland : arrière-pays (terme d'origine allemande) pour un port.

Intertidal : espace compris entre la limite haute et la limite basse des eaux dans une mer à marée (*tide* en anglais = marée).

Isobathe : ligne d'égale profondeur.

Jusant : marée descendante.

Marnage : différence de niveau entre la haute mer et la basse mer.

Multimodalisme : procédé qui, à travers le recours à plusieurs modes de transport, permet de supprimer les ruptures de charge de l'un à l'autre.

Musoir : extrémité (partie distale) d'une flèche ou d'une digue.

Mytiliculture : élevage des moules.

Ostréiculture : élevage des huîtres.

Plate-forme continentale : zone qui ceinture les continents et s'étend depuis le niveau des plus basses mers jusqu'à la profondeur à laquelle se produit habituellement un accroissement sensible de la déclivité (J.-R. Vanney).

Pélagique : se dit d'espèces qui vivent entre deux eaux, les thons ou les harengs par exemple, mais à des profondeurs variables selon les lieux et le moment.

Radoub : bassin dans un port servant à la réparation des navires.

Réflexion : renvoi d'une onde par un obstacle; l'angle de réflexion a la valeur de l'angle incident. (une vague qui déferle perpendiculairement repart au large perpendiculairement à la ligne de déferlement).

Réfraction : changement de direction des crêtes de houles lié à la topographie sous-marine. La réfraction se déclenche dès lors que la profondeur est égale ou inférieure à la demi-longeur d'onde de la houle (60 mètres de profondeur pour une longueur d'onde de 120 mètres).

Sahel : terme arabe signifiant rivage. Le Sahel en Tunisie est une région côtière.

Saltation : mode de déplacement des particules par bonds successifs.

Schorre : partie d'un marais maritime colonisée par la végétation. Les schorres ou prés-salés se situent au-dessus de la limite haute des vives-eaux moyennes.

Slikke : vasière nue, pratiquement submergée en permanence à marée haute, quel qu'en soit le coefficient.

SMVM : schéma de mise en valeur de la mer. Document réglementaire qui a remplacé en France les schémas d'aptitude et d'utilisation de la mer (Saum) avec un poids juridique plus grand.

Souille : dépression naturelle dans le lit d'un fleuve. Les souilles sont liées à l'action des courants ; elles peuvent accueillir des navires moyennant des travaux de dragage périodiques.

Subsidence : lent mouvement d'affaissement de la terre, sous l'effet de la surcharge sédimentaire dans les deltas, sous l'effet de mouvements tectoniques (par jeu de failles normales, par exemple) également. A pour conséquence la submersion du rivage.

Tombolo : construction sédimentaire par accumulation de sables entraînés par la dérive littorale entre la terre ferme et un îlot ou une île en mer.

Tsunami : raz-de-marée lié à des mouvements tectoniques ou à des mouvements de masse des sédiments en mer. Terme japonais.

BIBLIOGRAPHIE

BARBAZA (Y.), « Trois types d'intervention du tourisme dans l'organisation de l'espace littoral », *Annales de Géographie*, 1970, juillet-août.

BARRERE (P.), CASSOU-MOUNAT (M.), « Tourisme et environnement sur le littoral des Landes de Gascogne », *R.G.P.S.O.*, 1986.

BECET (J.-M.) et LEMORVAN (D.), *Le Droit du littoral et de la mer côtière*, Economica, 1991.

BECET (J.-M.), *L'Aménagement du littoral*, PUF, Que sais-je ?, 1987.

BERNARD (N.), *Ports de plaisance et structuration de l'espace littoral finistérien,* Thèse de doctorat, Brest, 1993.

BIRD (E.), *Coastline changes, a global review*, Wiley, 1985.

BIRD (E.), *Submerging coasts, the Effects of a Rising Sea Level on Coastal Environments,* Wiley, 1984.

BONNOT (Y.), *Pour une politique globale et cohérente du littoral en France*, La Documentation Française, 1995.

BOUSQUET (B.), « Définition et identification du littoral contemporain », *Revue Juridique de l'Environnement,* 4/1990, p.451-468.

CARRE (F.), *Les Océans,* PUF, Que sais-je ?, 1984.

CARTER (R.W.), *Coastal Environments : An Introduction to the Physical, Ecological and Cultural Systems of Coastlines*, Academic Press, 1988.

CASSOU-MOUNAT (M.), *La Vie humaine sur le littoral des Landes de Gascogne,* Champion, 1977.

CAZES (G.), LANQUAR (R.), RAYNOUARD (Y.), *L'Aménagement touristique,* PUF, Que sais- je ?, 1990.

CAZES (G.) *Fondements pour une géographie du tourisme et des loisirs*, Bréal, 1992.

CHAUSSADE (J.), *La Mer nourricière : enjeu du XXIe siècle*, 1994.

CHAUSSADE (J.), CORLAY (J.-P.), *Atlas des pêches et des cultures marines*, Éditions Ouest-France, Le Marin, 1990.

CLARK (J.), *Coastal Zone Management Handbook*, Lewis, 1995.

CLARY (D.), *Le Tourisme dans l'espace français*, Masson, 1993.

CORBIN (A.), *Le Territoire du vide, l'Occident ou le désir du rivage (1750-1840)*, Flammmarion, Champs, 1988.

CORLAY (J.-P.), « Géographie sociale, géographie du littoral », *Norois,* tome 42, n° 165, janvier-mars 1993.

COULOMBIE (H.), REDON (J.-P), *Le droit du littoral,* Litec, 1992.

COURTOT (R.), *Campagnes et villes dans les huertas valenciennes*, Éd. du CNRS, 1989.

CRIBIER (F.), *La Grande migration d'été des citadins en France*, Éd. du CNRS, 1969.

DEWAILLY (J.-M.), *Tourisme et loisirs dans le Nord-Pas de Calais*, Société de Géographie, Lille, 1985.

DEWAILLY (J.-M), FLAMENT (E.), *Géographie du tourisme et des loisirs,* SEDES, Dossiers des images économiques du monde, 1993.

DOUMENGE (F.), « La révolution aquacole », *Annales de Géographie*, n° 530, p. 445-482 et n° 531, p. 530-586.
GUILCHER (A.), *Morphologie littorale et sous-marine,* PUF/Orbis, 1954.
GUILCHER (A.), *Précis d'hydrologie*, Masson, 1980.
Littoral français, perspectives pour l'aménagement. Rapport au Gouvernement, novembre 1973, La Documentation française, 1974.
MARCADON (J.), *L'Avant-pays des ports français,* Masson 1988.
MARQUIS (J.-C.), *Le Génie de l'État, les maîtres d'œuvre de l'État, Ponts et Chaussées, Génie Rural, Eaux et Forêts* (tome 1) ; *Ingénieurs de l'État et élus locaux* (tome 2), L'Espace Juridique, 1988.
MICHAUD (J.-L.), *Le Tourisme face à l'environnement*, PUF, 1983.
MIOSSEC (A.), « Cassandre et Pénélope. À propos de quelques cas d'aménagement sur le littoral de la Bretagne et de la Vendée », *Norois,* n°132, 1986, p. 505- 515.
MIOSSEC (A.), *La Gestion de la nature littorale en France Atlantique, étude comparative : Royaume-Uni, Pays-Bas, Espagne, Etats-Unis*, Thèse de doctorat ès lettres, Brest, 1993.
MIOSSEC (A.), « De l'aménagement, du territoire et du l'environnement, quelques réflexions autour du littoral en France », *Cahiers Nantais*, n° 44, 1996.
MIOSSEC (J.M.), « L'image touristique comme introduction à la géographie du tourisme », *Annales de Géographie,* n° 473, p. 55-70.
MIOSSEC (J.M.), « Un modèle de l'espace touristique », *L'Espace Géographique*, n° 1, 1977, p. 41-48.
NONN (H.), *Géographie des littoraux*, PUF/SUP Le Géographe, 1972.
PASKOFF (R.), *L'Érosion des côtes,* PUF, Que Sais-je ?, 1981.
PASKOFF (R.), *Côtes en danger,* Masson, 1993.
PASKOFF (R.), *Les Littoraux. Impacts des aménagements sur leur évolution*, 2e éd., Masson, 1994.
PASKOFF (R.), « Aménagement du littoral et protection de l'environnement en France », *L'Information Géographique*, n°60, 1996, p. 157-166.
PERES (J.-M.), *Précis d'océanographie biologique*, PUF, coll. SUP, 1976.
PIRAZZOLI (P.), *Les Littoraux,* Nathan Université, Collection Géographie d'aujourd'hui, 1993.
PIRAZZOLI (P.), *Sea Level Changes. The last 20 000 years,* Wiley, 1996.
RACINE (P.), *Mission impossible ? L'aménagement touristique du Languedoc-Roussillon,* Éd. Midi Libre, 1980.
RENARD (J.), « Le Tourisme, agent conflictuel de l'utilisation de l'espace en France », *Norois*, n° 121, 1994, p. 45-61.
SCHWARTZ M. (sous la dir. de), *The World's Coastline*, 1985.
SCHWARTZ M. (sous la dir. de), *The Encyclopaedia of Beaches and Coastal Environments*, Hutchinson Ross, 1982.
VANNEY (J.-R.), « Introduction à la géographie de l'océan », *Oceanis*, Institut Océanographique, 1991, fasc. 1-2.
VIGARIÉ (A.), *Ports de commerce et vie littorale,* Hachette Université, 1979.

INDEX

Édition : Cécile Geiger
Relecture : Sylvie Claval
Cartographie :
N. Duchêne-Marullaz
Jean-Pierre Magnier (p. 55, 85, 87, 134, 156)
Conception maquette : Studio Primart
Mise en page : STDI

Imprimerie Chirat
42540 Saint-Just-la-Pendue
Dépôt légal juillet 1998 N° 5581
N° éditeur 1637